～ 101道高蛋白低碳水，3天速瘦 ～
簡單易做，好吃才會成功的減重料理

吃出健康瘦

30萬粉絲追隨見證、開課秒殺

韓國最強減重女王瘦身22kg不復胖食譜大公開

Delicious Low Carb High Protein Diet Recipes

朴祉禹（dd.mini）／著　　高毓婷／譯

Contents

〔自序〕 好吃才會成功的人生最後一次減重 …… 006

〔Intro〕

① Mini的湯匙測量 …… 012
② Mini喜愛的常用食材 …… 014
③ Mini推薦的新食材 …… 016
④ 初學者也零失敗的三明治、捲餅、海苔飯捲材料整理 …… 018
⑤ 人人都能做的飽滿三明治絕對公式 …… 020
⑥ 最後一口也完美無缺的墨西哥捲餅絕對公式 …… 022
⑦ 飯量大減也不會餓肚子的低碳水化合物飯捲絕對公式 …… 024
⑧ Geulsaem老師的運動祕訣大公開 …… 026
⑨ Geulsaem老師推薦的伸展動作 …… 032
⑩ Mini的小祕訣Q&A …… 038

PART 1
只用一個鍋子輕鬆完成料理的
一鍋到底

◆ 鮪魚高麗菜炒飯 …… 044
◆ 清冰箱韓式大醬粥 …… 046
◆ 是拉差奶油燉飯 …… 048
◆ 鮪魚番茄義大利湯麵 …… 050
◆ 炒蛋佐小魚乾炒飯 …… 052
◆ 減重版豆芽菜炒豬肉 …… 054
◆ 泰式炒蒟蒻粿條 …… 056
◆ 燕麥蟹味棒海帶粥 …… 058
◆ 鮪魚飯餅 …… 060
◆ 牛肉白蘿蔔燕麥粥 …… 062
◆ 奶油鮭魚排 …… 064
◆ 韓式嫩豆腐鍋燕麥粥 …… 066
◆ 舀起來吃的高麗菜披薩 …… 068
◆ 青醬美乃滋義大利麵 …… 070

PART 2
用人氣道具輕鬆快速完成美味料理的
微波爐&氣炸鍋

- 減重版洋釀炸雞 ⋯⋯ 074
- 韓國年糕風味黃豆粉燕麥糊 ⋯⋯ 076
- 茄子嫩豆腐焗烤 ⋯⋯ 078
- 辣椒洋蔥土司 ⋯⋯ 080
- 鹹甜杯子麵包 ⋯⋯ 082
- 明太魚乾燕麥粥 ⋯⋯ 084
- 披薩風味南瓜Eggslut ⋯⋯ 086
- 蛋碳脂派 ⋯⋯ 088
- 青葡萄鮮蝦土司 ⋯⋯ 090
- 高蛋白咖哩麵包 ⋯⋯ 092
- 燻金針菇披薩 ⋯⋯ 094
- 小章魚泡菜粥 ⋯⋯ 096
- 全麥披薩 ⋯⋯ 098

PART 3
挑選各式美食的樂趣
異國家常料理

- 番茄泡菜炒飯 ⋯⋯ 102
- 蒟蒻辣炒年糕 ⋯⋯ 104
- 雞胸肉Bun Cha沙拉 ⋯⋯ 106
- 海帶醋雞麵 ⋯⋯ 108
- 鹹甜炒蛋土司 ⋯⋯ 110
- 甜辣鮪魚拌飯 ⋯⋯ 112
- 菠菜豆腐炒蛋 ⋯⋯ 114
- 減重版拌麵 ⋯⋯ 116
- 雞肉包飯拼盤 ⋯⋯ 118
- 咖哩魚板蓋飯 ⋯⋯ 120
- 番茄雞蛋燕麥飯 ⋯⋯ 122
- 雞里肌海帶湯麵 ⋯⋯ 124
- Mini的百歲餐桌 ⋯⋯ 126
- 鴨肉水梨沙拉 ⋯⋯ 128
- 燻雞胸肉泡菜蓋飯 ⋯⋯ 130
- 蒜薹豬肉炒飯 ⋯⋯ 132
- 水梨土司 ⋯⋯ 134

PART 4
到下午都不會餓的
便當

- 四角海苔飯捲 …… 138
- 蟹味棒山葵豆皮壽司 …… 140
- 生菜包肉飯捲 …… 142
- 墨西哥捲餅 …… 144
- 優格杯 …… 146
- 芝麻葉越南春捲 …… 148
- 半邊三明治 …… 150
- 炒白花椰菜杯 …… 152
- 豆腐泡菜墨西哥捲餅 …… 154
- 小黃瓜三明治 …… 156
- 羽衣甘藍麵捲 …… 158
- 青陽辣椒醃蘿蔔飯捲 …… 160
- 胡蘿蔔豆腐三明治 …… 162
- 全蛋三明治 …… 164
- 雞肉地瓜野菜飯捲 …… 166

PART 5
愛惜自身並為環境著想的
蔬食

- 海帶豆腐炒麵 …… 170
- 豆腐球 …… 172
- 涼拌白菜拼盤 …… 174
- 韓式大醬奶油義大利麵 …… 176
- 扁豆洋蔥奶油咖哩 …… 178
- 納豆醋拌海帶蓋飯 …… 180
- 豆渣香菇粥 …… 182
- 低鹽豆腐羽衣甘藍捲 …… 184
- 番茄天貝義大利麵 …… 186
- 紫蘇豆腐奶油燉飯 …… 188
- 杏仁豆漿湯麵 …… 190
- 韓式大醬豆腐拌飯 …… 192
- 山藥納豆蓋飯 …… 194
- 咖哩風味蔬菜麵 …… 196

PART 6
做一次料理就能輕鬆一整週的 常備菜

- 減重版炸雞飯 …… 200
- 蟹味棒雞蛋韭菜粥 …… 202
- 馬鈴薯雞蛋沙拉 …… 204
- 雞胸肉香橙莎莎醬沙拉 …… 206
- 三色鷹嘴豆泥 …… 208
- 番茄麻婆豆腐 …… 210
- 甜菜根胡蘿蔔沙拉 …… 212
- 雞胸肉可樂餅 …… 214
- 青醬起司炒飯 …… 216
- 牛肉白菜燕麥粥 …… 218
- 水煮蛋蟹味棒沙拉 …… 220
- 低鹽醬煮雞蛋香菇 …… 222
- 鴨肉花椰菜溫沙拉 …… 224

PART 7
防止暴飲暴食和一吃就停不下來的 甜點零食

- 什錦燕麥片餅乾 …… 228
- 杯子布朗尼 …… 230
- 烤蓮藕脆片 …… 232
- 低碳水蘋果派 …… 234
- 超簡單大蒜麵包 …… 236
- 雞蛋納豆抹醬 …… 238
- 希臘優格水果三明治 …… 240
- 杏仁抹醬 …… 242
- 杏仁希臘優格三色土司 …… 244
- 納豆番茄 …… 246
- 燕麥地瓜鬆餅 …… 248
- 山藥冰棒 …… 250
- 自製高蛋白能量棒 …… 252
- 蘋果花生派 …… 254
- 鹹甜肉桂巧克力麵包 …… 256

〔附錄〕

- INDEX：料理方式索引・三餐類別索引・材料類別索引 …… 258
- 輕鬆快速超簡單料理7天食譜 …… 268
- 解決便祕快速縮小腹7天食譜 …… 269
- 一個月一次！最有效的生理期14天食譜 …… 270

自序

好吃才會成功的人生
最後一次減重

天生棉花糖女孩體質的我,經常處於肉肉或肥胖的體態,從小就嘗試過各種減重方式。總是期待急著能盡快瘦下來,所以大都採取短期內甩肉的減重方式,如單一飲食減重、丹麥減重(編按:源自丹麥醫院為BMI超過30的過重者設計的飲食計畫,聲稱14天內攝取高蛋白質、無油無鹽、600大卡以內的飲食,可以改變代謝系統,成功減下5～10公斤。但嚴格的飲食規定,長期下來也會造成營養不均的問題,不是人人都適合)等。

但是,快速減重雖然瘦得快,卻也很容易復胖,健康狀況也隨之惡化。減重不是獲得的「得」,而是失去的「失」,是非常危險的,也對身體造成了負擔。

不知是不是因為如此頻繁的減重,在短期內減重後,有時候也會比任何人都還自信滿滿。短則幾天,長則一個月左右,只要狠狠下定決心餓肚子就會瘦下來。餓了幾天後,若受不了,就吃極少量的東西,再繼續撐著餓肚子,這個過程反覆無數次。

這麼激烈地捱餓,當然會瘦了。當時,我沉迷於自己瘦下來的樣子,無法停止危險的減重。但是問題在於後續的維持。一想到減重已結束,意志就變得薄弱。在最大限度地減少進食量,然後重新開始吃,食慾的回升只是時間問題。在食物的誘惑下,所有過去節制的東西再也克制不了。不僅想吃東西的念頭和暴飲暴食比減重前更加嚴重,還變本加厲。就這樣,飢餓和暴飲暴食不斷反覆交錯,每次更伴隨著強烈反彈的復胖現象。在經歷數十次後,受到嚴酷對待的身體極度疲勞,我這才開始懷疑自己的減重方式是否錯了。

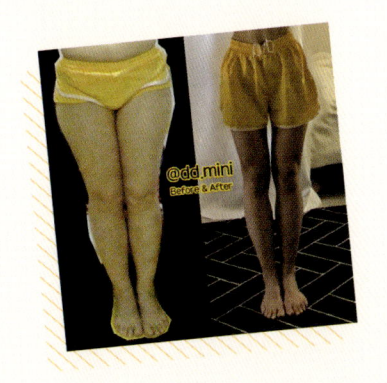

我為什麼會採取危險的減重方式？

我在喜歡的人和人際關係上竭盡全力，但是回頭一看，反而很少關心最應該珍惜和照顧的自己。因為注重外表，我忽視了身體訴說的重要事情。在經歷了頻繁短期減重的後遺症和無數次的失敗後，我才決心要採取珍惜自己的減重方式。

因此，我選擇的減重方式是高蛋白低碳水化合物的飲食療法。知道餓著肚子減肥，一定會復胖，所以為了不增進食慾，選擇了適當地吃的減重方法。當然，當時也有過錯誤嘗試。以為只要吃雞胸肉、地瓜、蔬菜就可以，因此就只狼吞虎嚥這三種食物，結果食慾大爆發，還因為暴飲暴食而再次復胖，這是非常可怕的經驗。

從那以後，我不再只是猛吃對身體好的食物，而是選用健康的食材，尋找合口味的食譜，自己做料理。

無論何種減重，要吃得美味才能成功！

首先，將平時喜歡吃、外食也常吃的「俗世飲食」替代成健康的食材做來吃。減重的時候也要吃自己喜歡吃的食物，這樣才會更愉快。然後開始尋找味道和營養相配的組合，當作減重飲食。如果只吃乾柴的雞胸肉，很容易就會放棄，所以要活用魷魚、黃豆、豆腐等各式各樣的食材補充動植物性蛋白質。而且即使是低碳水化合物的食譜，也不想硬是減少碳水化合物。因為我知道，只有選擇有益身體的碳水化合物，適當地分配在早上和中午吃，才能照顧健康，防止暴飲暴食。

每頓飯就像招待自己一樣做來吃，終於，身體開始產生變化了。吃飯和做菜的樂趣、減重的喜悅越來越多，也就越來越愛自己。每當照鏡子看見自己臉型變尖、輪廓變清晰、肚子越來越扁，身形也越漸纖細，就開心不已，也加快了飲食療法的速度。最終成功以高蛋白低碳水化合物食譜減重22公斤，此後六年一直維持著適當的體重和飲食習慣。

有助於自然維持的飲食習慣變化

多次減重失敗後，我終於明白高蛋白低碳水化合物食譜的成功之處。比起減重本身，更重要的是減重時的習慣，以及後續的維持。想維持習慣，就要在減重時採用能維持一輩子的食譜。歸根究柢，「改變飲食習慣」是減重最重要核心。

有一段時間，我最喜歡的食物是辣冷麵，那時非常喜歡刺激的味道。現在偶爾吃也還是很好吃，但是因為鈉過多，身體會馬上水腫起來，胃腸也不舒服。如果說以前只注重外表，那麼現在則能夠看出身體的細微變化，我認為這是去理解並愛自己身體的結果。因為知道身體疲憊，自然不會像以前一樣經常吃對身體不好的東西。改變食譜後，口味自然就變了，是不是很神奇？

其他幫助我維持六年飲食習慣的，就是社群媒體。每當我遵守食譜，不斷上傳身體變化的樣子，支持我的人給了我很大的力量。另外，透過社群媒體分享自己開發的減重食譜，與大家互動交流的樂趣也很大。透過這個過程，身體和心靈都變得更健康。希望大家也能像我一樣找到維持飲食

習慣的愉快契機。

透過減重食譜，媽媽也減了17公斤！

還有一件神奇的事情。以我的第一本減重食譜書為基礎，我開始和媽媽一起吃飯，媽媽在持續吃我做的料理後，兩年內慢慢減掉了約17公斤。當然，也沒有再復胖。

媽媽成功減重固然高興，但更棒的是她重新找回失去的健康和活力。減重成功後，看到媽媽比以前更健康，我也覺得幸福。

如果我說這樣健康減重的日常令人愉快，應該會有人覺得驚訝吧？即使是過去的我，大概也不會相信，因為總認為減重是過度飢餓和限制飲食的艱難行為。但實際體驗之後發現，那並不是真正的減重。為了減輕體重，不能吃自己想吃的，吃力地拚命運動，並不是最好的。快速減去的肉，經常會比減重時以更快的速度重新長回來。我比以前更傾聽自己身體的聲音，吃健康的食物，尋找並挑戰自己喜歡的運動，感受成就感的所有過程，都是減重的必要因素。

就像對喜歡的人的所有事情都好奇一樣，要關心自己，關心自己身體內外所說的話。這樣一來，體重一定會自然而然地跟著減少，身體、精神和心靈都會變得積極向上。

1分鐘內售罄的烹飪課程料理全數收錄於本書！

雖然已經出版了兩本料理書，但透過更加精進的廚藝、

有趣的創意和減重維持祕訣，推出了美味再升級的料理。參考這段時間教大家做菜時得到的建議和訣竅，增加自己的創造力，最後誕生了比之前更新穎的食譜。

新書中的食譜不僅能讓減重者滿足口腹之欲，還能越吃越有助於減肥。只需一個鍋子和一把剪刀，就能減少洗碗量，不需要多餘碗盤的一鍋到底食譜；方便快捷地完成料理的微波爐和氣炸鍋食譜；清冰箱食材做成的蔬食食譜，以及便當、常備菜、點心等，在減重過程中讓你沒時間無聊的101道料理，都完整收錄在本書中。

希望大家也能透過更加關注自己身體，以及親手製作健康飲食的過程，享受各式各樣的快樂，成功減重。希望我做的美味減重料理能對各位的減重有所幫助。直到大家都知道只要無壓力、不餓肚子、吃好吃的來減重，身心靈就會愉快，我會持續地製作並分享簡單易做又美味的減重食譜。

2020年，朴祉禹（dd.mini）

INTRO 1

Mini的湯匙測量

湯匙粉末測量

1大匙 　　　　　1/2大匙 　　　　　1/3大匙

湯匙液體測量

1大匙 　　　　　1/2大匙 　　　　　1/3大匙

湯匙醬類測量

| 1大匙 | 1/2大匙 | 1/3大匙 |

紙杯測量

| 液體1杯 | 粉 1/2杯 | 堅果類 1/2杯 |

徒手掂量

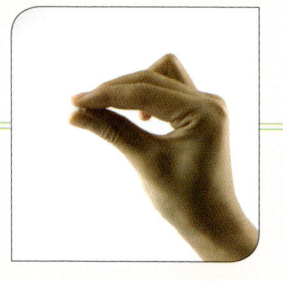

| 少許（一撮） | 一把 |

Intro | 013

INTRO 2

Mini喜愛的常用食材

燕麥片

當有人詢問「想開始進行飲食控制，我應該買什麼食材吃呢？」時，我會最先推薦燕麥片。燕麥片是燕麥經乾燥、壓片後製成，是糖指數較低的優質碳水化合物，不僅含有蛋白質、膳食纖維，還有豐富的鉀，有助於鈉的排出。我主要使用兩種燕麥片：顆粒最小，能夠快速烹調的即食燕麥片，以及顆粒最大，吃起來最有嚼勁的大燕麥片（Jumbo Oats）。在料理中加入燕麥片取代米或麵粉，即可製作出韓式粥品、西式燕麥粥類（Porridge）、Q彈有嚼勁的煎餅、甜麵包和餅乾等，有豐富多樣的變化。

不論在保存還是料理方法上，燕麥片都是十分簡便的萬能食材，推薦給自己煮飯的人、雙薪夫妻等。如果一直誤以為燕麥片是吃起來帶有報紙味的難吃食材，那麼透過本書的各種燕麥片食譜，一定可以消除這樣的迷思。

納豆

世界五大健康食品之一，富含蛋白質、維生素、礦物質和膳食纖維、益菌。

納豆有冷藏和冷凍兩種產品，購買冷藏納豆，先分裝出一週內要吃的份量後放冷藏，保存期限內吃不了的份量，則立即放入冷凍庫保存。

若一直放冷藏直到保存期限將近，納豆會過度發酵，若這時才拿去冷凍，之後再解凍就會產生苦味。加熱納豆會破壞其營養，因此在食用前一天需將冷凍納豆置於冷藏解凍，或放在室溫下自然解凍數小時，若有急用時，則用微波爐加熱約15秒即可。吃之前以筷子攪拌20次以上，充分攪拌出長長白絲的納豆激酶成分，完整地攝取納豆的營養。如果對納豆的黏稠和味道反感，請一定要試試用清脆的蔬菜和泡菜、清爽的水果等與納豆搭配而成的Mini納豆食譜。

鷹嘴豆

在各式豆類中，鷹嘴豆的蛋白質含量高，大豆特有的豆腥味少，酥香味十足。鷹嘴豆需放入水中至少浸泡3～6小時後，加入一撮鹽煮熟，再分成小份量放入冷凍庫保存。鷹嘴豆若泡太久會變得不好吃，建議睡前浸泡，早上即可煮豆。

雖然有點麻煩，但是一次煮好大量後冷凍起來真的很重要。較忙碌或嫌麻煩的話，也可以使用罐裝鷹嘴豆。

冷凍生雞胸肉&生雞里肌

　減重時最常食用的高蛋白低脂肪部位。

　雖然在外簡單食用或需要快速烹調時，使用即食雞胸肉較方便，但如果在家也使用即食雞胸肉產品，價格不低，也擔心有食品添加物（最近也有許多產品已將添加物減到最少量，請先仔細分析後再購買）。所以我會準備即食雞胸肉，也會備妥保存時間長、方便的冷凍雞胸肉和冷凍雞里肌肉。食用前一天從冷凍取出放入冷藏解凍，或在料理開始時先放入熱水中，再處理其他材料，也很方便。

煙燻鴨肉

　富含蛋白質和不飽和脂肪酸的蛋白質食品，吃膩雞胸肉時經常會替換著吃。但煙燻鴨肉或紅色的加工肉類大都添加致癌成分亞硝酸鈉。幸好這種添加物是水溶性的，在過水燙過後會消失。為了除去添加物，減少一些脂肪的攝取量，在食用煙燻鴨肉或加工肉製品時，請一定要先在水中燙一下再使用。

青陽辣椒&洋蔥&大蒜

　辣味蔬菜三劍客，在減重時經常備齊。減重中得要避免過鹹和過於刺激的味道，但嗆辣的蔬菜可以填補這種空虛感。首先，青陽辣椒切成小塊，放冷凍保存。洋蔥去皮切掉根部，不水洗，只擦乾切口處的水分後，密封冷藏保存。這麼做洋蔥不易軟掉，比帶皮洋蔥更能長時間保存。在密封容器中充分加入砂糖，鋪上一層廚房紙巾，再放上大蒜保存，砂糖可以去除容器內產生的濕氣。

冷凍綜合蔬菜

　如果每次蔬菜都用不完，或者懶得處理，冷凍綜合蔬菜就很好用。可以用於炒菜類或簡單的微波爐料理等多種食譜上。處理食材時間減少了，也節省了料理的時間，在忙碌時或覺得麻煩時十分好用。含有玉米和豆子的冷凍蔬菜，建議選擇有機農產品，避免基因改造食品。

番茄糊

　在各種料理中，只要加入一匙番茄糊，味道就會馬上變得鮮美起來。

　我會選擇稍微貴一點，但番茄含量高或添加物少的幼兒用有機農產品。番茄糊不含合成防腐劑，開封後長時間放置會發霉，因此可用矽膠冰塊盒分裝冷凍，一塊一塊地使用，非常方便。

INTRO 3

Mini推薦的新食材

天貝

　　黃豆發酵後製成的印尼食品天貝，是每100克即含有約19克蛋白質的植物性高蛋白食品。因為是發酵產品，有類似韓國清麴醬或納豆等豆類特有的氣味，但味道不濃，吃起來又香又軟，就像在吃起司一樣。主要從網路商城購買由無基因改造的國產黃豆製作的產品，冷凍保存。烹飪前30分鐘放在室溫下或用微波爐解凍，比起生吃，通常會烤過或煮熟後再吃，任何料理都很適合使用。

輕食麵

　　因為碳水化合物而對麵類料理感到負擔時，會使用蒟蒻麵來取代。但其特有的腥味跟料理不太協調，所以我不常用（蒟蒻麵用水清洗後再汆燙或做成熱炒料理，大部分氣味即會消失）。為了彌補這些缺點，添加鷹嘴豆粉和炒熟黃豆粉的圃美多（Pulmuone）輕食麵沒有蒟蒻的特殊氣味，口感又佳，無需沖洗，只要瀝乾水分即可食用，非常方便。我主要從網路上購買這項食材。

什錦果乾燕麥

與含糖和油的穀麥片（cereal、granola）不同，什錦果乾燕麥（Muesli）的糖和其他添加物很少。由燕麥壓製成的燕麥片和多種穀物、堅果類、種子、乾果等組成，保有食材本身的味道，富含膳食纖維和無機質。40克左右的什錦果乾燕麥搭配牛奶或優格就是頓簡單的早餐，有時也作為減重烘焙的材料。什錦果乾燕麥為乾貨食品，請密封後置於室溫下保存。

白花椰菜米

在國外已經是經常用來代替米的低熱量、低碳水化合物食材。把白花椰菜切成和米差不多大小的碎粒，形狀和口感與米飯相似，可用於多種料理。雖然可以直接搗碎一般花椰菜使用，但先購買冷凍花椰菜備用，製作低碳水化合物的炒飯、粥品等會更方便。

營養酵母

在素食主義者間以起司替代品而聞名的營養酵母，富含蔬菜中不足的維生素B。可代替起司增添料理的美味，因含有蛋白質，加一些在料理中亦佳。直接撒上生吃可能會因為其悶濕的氣味而喜好兩極，在燉飯、義大利麵等加上一匙，煮熟後就能享受如起司般香噴噴的味道。

香草類（蘋果薄荷、迷迭香、羅勒等）

對料理產生興趣後，對擺盤也會開始關注起來，因為好看的食物吃起來也會好吃。在食物上放上綠色香草，料理的完成度就會提高，不僅拍照漂亮，隱約的香氣更會讓心情變好。可以在大型超市或網路上少量購買，但家中有陽光照得到的地方，可以直接栽種在小花盆裡。如果沒有香草，也可以把芝麻葉切成細絲放上裝飾。

INTRO 4

初學者也零失敗的三明治、捲餅、海苔飯捲材料整理

切絲或撕碎放入的材料

胡蘿蔔

在刨絲器上斜立著胡蘿蔔刨削,可以削出量多又長的胡蘿蔔絲,省去用刀切的辛苦。刨得又長又細的胡蘿蔔絲易於定型,可以用於堆高三明治,或讓海苔飯捲、捲餅捲得厚實一點。雖然直接生食也很好,但是用橄欖油稍微炒一下,會更有助脂溶性維生素的吸收。

洋蔥

若將洋蔥切成厚度不規則的厚絲,高高堆起時容易滑落崩塌,因此建議用刀或刨絲器切成細絲使用。如果不喜歡洋蔥的辣味,可先浸泡在水中一會兒,再用廚房紙巾擦乾水分。

小黃瓜

小黃瓜水分多,比起切成絲,用削皮器刨成較寬的薄片,在三明治上橫豎交叉放上,結構會更穩定。如果不是馬上食用,而是幾個小時後才要吃的三明治便當,可以用削皮器削小黃瓜,用湯匙將籽的部分挖掉,去除籽後再削成薄片使用。

海苔飯捲或捲餅上放的小黃瓜分成長長的二等份,用湯匙將籽部分去除後,再長長厚厚地分成二到四等份放上,這樣出水會較少,三明治不易濕掉。

雞胸肉&蟹味棒

可以按照紋理撕開的蛋白質材料用手撕。撕得厚一點會較有嚼勁;如果想做出毫無空隙的飽滿切面,則請撕成適當大小的細絲。

整個放入的材料

葉菜&起司&豆腐
形狀固定或厚度較薄的材料整個放入。

起司片
在麵包或墨西哥薄餅（Tortilla）上先放起司片，可以防止其他餡料的水分滲入麵包中。

葉菜
在製作三明治、捲餅、海苔飯捲時，葉菜類排在第二到三的順序放入，並在放入剩下食材後的最後一個步驟時，放上葉菜類蓋住中間食材，就能從四周包覆住食材，阻擋水分滲出。使用時請洗淨，用廚房紙巾或蔬菜脫水機等去除水分。如果想切開的剖面漂亮，請將葉菜的莖與刀切的方向呈垂直擺放。

辣椒
為了能在切面上呈現漂亮的圓形，請整根放入，放置方向請與刀切的方向呈垂直。

荷包蛋
切開三明治時，位在中間的半熟蛋蛋黃是三明治的畫龍點睛之筆！

在熱鍋中倒一點油，打入雞蛋。如果蛋黃偏向邊緣，在蛋快熟透之前用湯匙迅速移到中間，靜待幾秒鐘，等蛋黃位置固定。雞蛋的一面充分熟透後翻面，再關火，用平底鍋的餘熱煎熟另一面，半熟荷包蛋即完成。

切成適當大小的材料

番茄&蘋果&奇異果&酪梨
顏色和形狀漂亮、口感好的食材，切成0.3～0.5cm的固定大小，規律地放上。既可以讓三明治的咀嚼口感變好，切開的剖面又漂亮。

INTRO 5

人人都能做的
飽滿三明治絕對公式

三明治專賣店的祕訣：堆疊材料的俄羅斯方塊公式

Tip 1

被水分弄得濕糊糊的三明治 NO!

用最不含水分或能阻隔其他餡料水分的材料，作為與土司相觸的食材。
土司上最先放起司片，在覆蓋另一片土司之前放上葉菜。

Tip 2

食材聚集在中間的便利商店風三明治 NO!

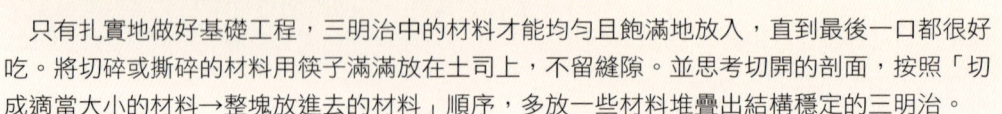

　只有扎實地做好基礎工程，三明治中的材料才能均勻且飽滿地放入，直到最後一口都很好吃。將切碎或撕碎的材料用筷子滿滿放在土司上，不留縫隙。並思考切開的剖面，按照「切成適當大小的材料→整塊放進去的材料」順序，多放一些材料堆疊出結構穩定的三明治。

Tip 3

切面五顏六色的漂亮三明治，完成度 UP!

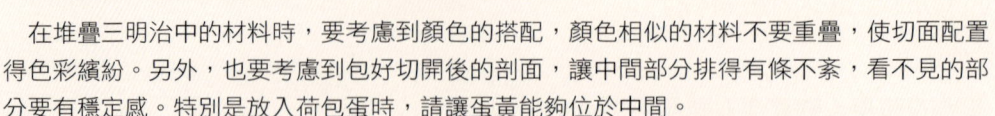

　在堆疊三明治中的材料時，要考慮到顏色的搭配，顏色相似的材料不要重疊，使切面配置得色彩繽紛。另外，也要考慮到包好切開後的剖面，讓中間部分排得有條不紊，看不見的部分要有穩定感。特別是放入荷包蛋時，請讓蛋黃能夠位於中間。

世上最簡單牢固的包裝法：神奇密封保鮮膜包裝祕訣

使用單面有黏性的神奇密封保鮮膜，會比一般保鮮膜更容易包裝三明治。神奇密封保鮮膜若沾到水或油漬，黏合力會明顯下降，因此請擦乾手上的水後再進行包裝。

1 撕下一段正方形的神奇密封保鮮膜，有黏性的一面朝下貼緊桌面鋪好，放上中間食材後，蓋上最後一片土司。

2 用一手輕輕按住土司，拉起左右兩側的神奇密封保鮮膜貼在麵包上。因為是第一層包裝，所以不要包太緊，包到能固定三明治的程度即可。

3 貼合上方及下方保鮮膜，將三明治包起來，從上下左右四個方向包好三明治。

4 讓保鮮膜貼合處維持緊貼狀態，將三明治翻面。

5 再撕一張正方形的神奇密封保鮮膜，這次把有黏性的一面朝上鋪妥，直接放上翻面的三明治。

6 重新按左右⇨上下的順序黏合保鮮膜。

7 用雙手輕輕按壓三明治的四個角，排出空氣，貼緊保鮮膜。

8 考慮好堆疊出的三明治剖面，決定刀切的方向後，用刀切開。

> 用麵包刀切會最乾淨俐落。若使用一般刀子切，要豎起刀，像用鋸的一樣切割。

INTRO 6

最後一口也完美無缺的
墨西哥捲餅絕對公式

厚實捲餅的祕訣：食材選擇&俄羅斯方塊公式

Tip 1

餅皮面積越大越 EASY!

使用大塊的墨西哥薄餅（Tortilla）最好，若使用小塊的話，則取兩張部分重疊在一起使用。製作像手臂一樣粗的捲餅後，可以切成兩等份，分兩次吃。

Tip 2

用蛋皮和蔬菜蓋住，紮實地 ROLL!

捲起餅皮時，如果力量沒有調整好，做出來的捲餅就會鬆鬆垮垮或是裂開。特別注意，只要在容易裂開的全麥餅皮上鋪一層煎蛋皮，就能紮實地包好。在上面放上豐富的餡料後，請在最後蓋上韓國芝麻葉等葉菜類。用雙手抓住餅皮下方，一口氣蓋住內餡，用力捲起來，裡面的材料就不會散開。

Tip 3

材料往中間 聚集!

墨西哥捲餅跟三明治不同，是把材料集中到中間捲成的。另外，必須先放上「整塊放進去的材料」，再放上「切絲或撕碎的材料」，才能把食材堆得高高的。

世上最簡單牢固的包裝法：神奇密封保鮮膜包裝祕訣

使用單面有黏性的神奇密封保鮮膜，會比一般保鮮膜更容易包裝三明治。神奇密封保鮮膜若沾到水或油漬，黏合力會明顯下降，因此請擦乾手上的水再進行包裝。

1. 撕下一段長方形的神奇密封保鮮膜，長邊橫放，有黏性的一面朝下貼緊桌面鋪好，再放上墨西哥薄餅和煎蛋皮。

2. 在墨西哥薄餅的中間鋪上葉菜，按照「整塊放進去的材料」⇨「切絲或撕碎的材料」順序依次放上。

3. 用葉菜蓋住內餡食材，抓住餅皮下方拉起，一口氣將內餡材料蓋住，兩手同時抓住，出力捲起。

4. 抓緊捲好的捲，直接放到保鮮膜下端，用保鮮膜捲起來。

5. 用湯匙把掉出兩側的食材推回去，拉起保鮮膜向上貼好，反方向也用同樣的方法進行包裝。

6. 如果覺得包得有點鬆，可以再撕一段神奇密封保鮮膜，使有黏性的部分朝上鋪好，放上捲餅重新用力包裝即可。

INTRO 7

飯量大減也不會餓肚子的
低碳水化合物飯捲絕對公式

圓滾滾的低碳水化合物海苔飯捲製作祕方：食材選擇&小祕訣

Tip 1

海苔飯捲長的一邊要 〔直著放！〕

　　飯捲用海苔的粗糙面朝上放，使其與飯相接觸。而且和包一般海苔飯捲不同，海苔的長邊是直著的，這樣包海苔飯捲會更容易捲起。
　　如果裡面食材太多，覺得要爆開了的話，可以再加一張海苔後再捲。
　　請在海苔末端沾點水，讓海苔更服貼。

Tip 2

飯和飯中間加 〔一片起司片！〕

　　海苔飯捲裡放了很多飯，如果是減重者，通常就得克制自己別吃掉一整條飯捲。但是在鋪飯時，只要用一片起司片代替飯填滿空間，就能減少飯量。
　　Mini開發的加起司片海苔飯捲，請放心地開懷大吃吧。

Tip 3

讓海苔飯捲休息片刻&抹上紫蘇油再 〔切！〕

　　海苔飯捲捲好後，讓海苔與海苔相接觸的末端部分轉到正下方壓住，暫時放置一下。
　　因為裡面的材料含有水分，即使海苔末端不沾上飯粒或水，也會黏在一起。海苔飯捲上方抹上紫蘇油後輕輕切開，會帶出清香。

世上最簡單牢固的飯捲包法：飽滿飯捲的祕訣

1. 海苔的粗糙面朝上，長邊直著放。

2. 取一片起司片分成三等份，橫放在海苔下方1/3處一字排開。

3. 海苔上方留下20～30%的空間，在剩下的空間薄薄鋪上一層飯。

4. 按照「阻隔水分的蔬菜」⇨「整塊放入的材料」⇨「切絲或撕碎的材料」順序放上。

5. 用葉菜蓋住內餡材料，拉住海苔下方，像用海苔一口氣蓋住內餡材料一樣，兩手抓住用力捲起。

6. 海苔和海苔的銜接部分朝下，暫時放置一下，藉由食材的水分牢牢固定住海苔。

> 在海苔飯捲上方和刀上塗抹紫蘇油再切塊。

Intro 7 025

Q & A

Mini的教練　Instagram @guel_saem_ssam

Geulsaem老師的運動祕訣大公開

Q1

請告訴我有效減重的有氧祕訣！

早上空腹運動1小時＋
早點吃晚飯後做肌力運動30分鐘＋
有氧運動1小時！

　　早晨起床後是一天中血糖最低的時候，是將體內脂肪作為能量使用的最佳時機。晚飯後做的運動，是消耗一天吃進去的熱量，幫助體內脂肪不增加。如果用足球比賽來比喻，早晨空腹有氧運動是對脂肪的攻擊，晚上的有氧運動則是對脂肪累積的防禦。在家訓練踩飛輪（室內健身腳踏車）時，抬起臀部騎強度會提高非常多。抬屁股踩1分鐘，再坐著踩4分鐘，會消耗比坐著踩5分鐘更多的能量。另外，如果將「飛輪10分鐘＋波比跳20次」作為第一組，重複做5組，可以在1小時以內的短時間完成高強度的有氧運動。

Q2

深夜運動後一定要攝取蛋白質嗎？

　　如果是在想減少體重的「減重」和「深夜」條件下，就不要攝取蛋白質了。如果腸胃裡的食物沒有充分消化完，反而會引發胃炎或腎臟疾病，給身體帶來疲勞感。運動後請務必適當補充水分。蛋白質最好分為早、午、晚，一天三次，和碳水化合物一起以適當比例食用較佳。

Q3

比起每天運動，一週休息一天左右會比較好嗎？肌肉痠痛的時候還可以再做相應部位的肌力運動嗎？

如果是20多歲的人，平時每週休息2次，30多歲的人建議每週休息3次。不引發肌肉疼痛的輕微肌力訓練運動可以每天做，但如果是以增加肌肉量為目的，那麼引發肌肉疼痛的新刺激則是必要的。請增加運動的重量和組數，並提高動作的難度試試。

肌肉疼痛是需要休息的生理訊號，請休息並同時攝取適當的營養。此時如果硬是運動而過度使用肌肉，其功能和狀態反而會比運動前差。不過，肌肉痠痛的部位，如果是為了恢復狀態和體能訓練而進行非肌力訓練、輕微程度的運動，對緩解肌肉痠痛是有幫助的。

Q4

忙碌的時候，只能做有氧運動或肌力運動其中一個，要選擇什麼呢？

絕對是有氧運動。

心臟和肺功能比肌肉功能更重要，有氧運動對心肺都有很大的幫助。但如果是運動新手，完全區分開有氧運動和無氧運動的訓練菜單是低效率的，不建議這麼做。

有許多優秀動作是可以兩者兼顧地刺激到肌力及心肺的，如波比跳和深蹲跳（Squat Jump）等，請參考。

Q5

在家看YouTube運動影片進行自主訓練時，有什麼需要注意的嗎？

我製作過在家自主訓練的影片，也曾透過視訊的方式進行過間接訓練，但發現要像現場指導一樣100%地傳達訓練的策略和意圖是不可能的。

因此，獨自在家運動的時候，還是選擇難度較低的簡單影片，高難度動作請接受一對一的客製化現場指導。每個運動者都有各自不同的疾病或身體能力，所以請務必將安全放在第一順位。

Q6

即使遵守食譜吃，小腿也瘦不下來。

像手腕一樣脂肪少的小腿部位如果瘦不下來，可能因為組織是肌肉型，或是因運動不足引起的浮腫和靜脈曲張。小腿肌肉中最常接受矯正的脛後肌（Tibialis posterior，小腿最深處的肌肉）可以透過步行抬起一隻腳穩住重心、單腳蹲下起立、單腳跳躍等平衡運動進行矯正。脛後肌緊繃或變短的話，通常會使單腳站立不穩，矯正並改善脛後肌，就能有效減少小腿浮腫。

在半圓平衡球上單腳站保持平衡。

在半圓平衡球上單腳蹲下再站起。

※赤腳做才有效，若沒有半圓平衡球，就在瑜伽墊上進行。

Q7

可能是習慣了所以不會肌肉痛，還有其他適合我身體的運動強度嗎？

肌肉適應訓練的速度比想像中還快。為了不讓自己太習慣，要嘗試新的動作、強度和規律，但也要考慮到每個人的體力和體型設定不同的運動強度，才會有效。如果希望透過肌力訓練有持續的肌肉痠痛（延遲性肌肉痠痛），該部位需要符合下列條件。

① 正確的姿勢
② 增強重量
③ 增加重複組數
④ 刺激肌肉的其他高階技巧

對自身的期望如果是肌肉的大小（質量），就要增加重量；如果是想讓肌肉線條變明顯或雕塑體型，請採用增加反覆組數、維持靜態姿勢（static training）等方法。觀察並記錄自己現在的身體狀況和運動能力作為數據，肯定會有所進步。

在深蹲的最後一次，維持坐姿30秒（holding）。

以夾著毛巾或帶子的深蹲坐姿維持30秒⇨維持狀態下以髖關節用力壓住毛巾。

Q8

想知道對骨盆不對稱有幫助的運動。

　　矯正骨盆最好的運動是休息和適當活動，不要長時間維持靜態姿態。好的休息是不坐式生活、減少坐在椅子上的時間，也就是採用臥姿休息。好的活動指的是骨盆旋轉運動。坐在稍軟的墊子或抗力球（Gym ball）上挺立背部，骨盆以尾骨為中心，沿着順時針方向、逆時針方向慢慢畫圓，會發現有一邊是不太好移動的模式。

　　骨盆經過長時間左右使用頻率不同，左右肌肉神經發育也會產生變化，肌肉力量就會出現差異。如果只是暫時矯正這個部分，可能會有好幾分鐘感覺似乎真的被矯正了，但是說實話這並不是矯正。我可以很肯定地說，沒有矯正運動是能夠戰勝生活習慣的。

　　下面是結合實際生活的各種矯正小祕訣，請試試跟著做。

① 在無靠背的椅子上挺直脊柱坐下。

② 在膝蓋之間夾一個拳頭大小的墊子坐下。

③ 趴下，手臂往頭前方伸展，雙手手掌緊貼，雙腳後腳跟貼在一起，形成一個超人的姿勢⇨手掌和腳後跟內側持續夾緊。

④
躺下仰望天花板,雙手往頭上方擺出萬歲姿勢後,做橋式(Bridge)運動⇨深度抬拉腹部。

⑤
躺下,雙腳併攏坐在抗力球上,張開雙臂,手掌貼緊地面不浮起。
⇩
腳和骨盆朝左右轉動,頭朝向骨盆的相反方向轉動。
⇩
轉動時注意不要讓球跑掉滾走。

⑥
以伸懶腰的姿勢躺下。
⇩
左右扭動全身,每個扭動方向保持10秒鐘。
⇩
逐漸增加身體扭動幅度。

Q9

塑造「瘦而精實」身材的重點是什麼呢？

看起來「瘦而結實有肌肉」的核心是11字腹肌，想要讓腹肌明顯的話，就需要策略性的有氧運動和飲食療法，以讓體脂肪達到個位數。請記住，腹肌不是因為肌肉量高，而是因為體脂肪少看起來才會明顯。

Q10

在進行個人訓練（PT）時，如何選擇好的教練？

我在舊著中曾簡單提供一些資訊給讀者，以下是更具體的答覆。

① 列出對教練的期望清單

「應對（說話和行動）態度／服務意識／臨床和理論的專業性／PT以外的時間也幫忙學員進行管理的誠實和責任感／有禮貌／有好好管理形象和身體狀態／良好風度」等，請試著寫下希望教練有的特質，列出具體的清單。

② 請朋友評價責任教練

以周遭正在接受PT的朋友寫下的名單為基礎，請朋友對目前負責的教練進行評價。

③ 選定教練後進行單堂體驗

向評價最好的教練上一次體驗課。告訴教練自己的運動目的，並詳細詢問與訓練相關的細節，判斷是否符合自己的風格。

④ 搜集教練資訊後再決定

此外，先搜集教練的相關資訊，如是否為相關學科和主修、PT相關的證照、實際工作經歷、相關學員上課心得等後，再決定是否繼續PT。

好的訓練只由教練一個人是無法完成的。需要經過教練和運動者之間的密切溝通，每次的階段性運動計畫（達成運動目的／調整可消化的運動強度／調整教練的不當指導等）才會進化。顧客也要信任教練，好好實踐需改善的地方，才會產生變化。如果認為自己缺乏改變的決心和意志，那麼最好還是先暫緩進行個人訓練。

Geulsaem老師推薦的伸展動作

> 在辦公室可以簡單做的伸展運動

① **駝背緩解動作**

肚臍深深往內縮,以尾椎朝地板方向的姿勢站好⇨提肛,下巴往後拉,做出雙下巴⇨頭往天花板方向延伸,視線從水平移至離地夾角15°位置⇨保持姿勢1分鐘並維持自然呼吸。

② 聳起的斜方肌放鬆動作

雙手放在耳後⇨吐氣時提起下巴抬高視線，手肘、背、頭部同時一起抬起。

③ 伸展圓肩的動作

雙手握於臀後，吐氣時看天空

腳後跟和大腿內側貼在一起，腳尖朝外側站好⇨如收緊大腿內側般用力將腹部往內拉⇨深深向內縮的腹部和括約肌如憋尿一般保持緊繃，並將下巴向後拉⇨兩手伸到臀後十指交扣，向地面方向推，同時視線看向天空⇨感受下巴下方頸部肌肉的拉緊感，同時鼻子維持呼吸，在這個姿勢停留1分鐘。

坐姿單臂向後轉

側面盡可能靠牆坐好⇨膝蓋貼緊不打開⇨靠近牆的手掌心朝向牆壁貼近，手臂輕輕掠過牆面畫圓，往背後放⇨視線持續注視轉動的手手指末端，另一手搭在反方向的膝蓋外側⇨一組做15～20次，反覆做到動作變柔軟為止。

④ **緩解手腕疼痛的動作**

挺直背脊坐好，雙臂向左右兩側伸直，指尖朝上彎曲手腕⇨頭往天花板的方向延伸，一邊向上延伸，一邊維持雙下巴⇨雙手手掌像推牆一樣往身體外側推。

手臂向後旋轉，再向前旋轉，動作反覆（旋轉到手腕無法再轉更多為止）。

雙臂向兩側伸直，手掌像握球一樣捲起，手腕向上彎⇨反覆前後旋轉手腕。

stretching 035

讓身體（腰）變細的伸展運動

① 拉長脊椎（脊椎伸展）

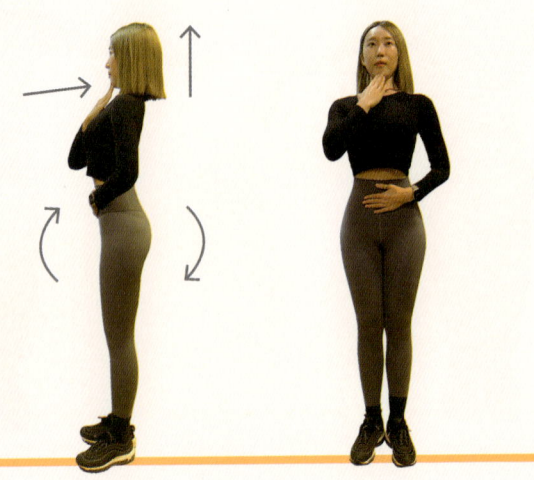

採取站姿，伸展脊椎（縮下腹，頭部朝頭頂方向延伸出去的姿勢）後，以胸式呼吸吐氣，直到感受到肋骨勒緊為止，盡可能將空氣吐盡⇨即使呼出的空氣全部耗盡，也要努力再吐出。

② 側棒式（side plank）

基本姿勢　　　　　　　　　新手姿勢

側躺，手肘撐地與肩膀成垂直，做出脊椎伸展姿勢後，進行胸式呼吸。

③ 四足跪姿（Quadruped）

基本姿勢

抬下巴的姿勢

採取四足跪姿，伸展脊椎後凝視前方，進行胸式呼吸（重點是在所有姿勢中反覆進行「在胸式呼吸中吐氣，最大限度地吐氣到底的過程」）。

MINI'S Q&A

Mini的小祕訣Q&A

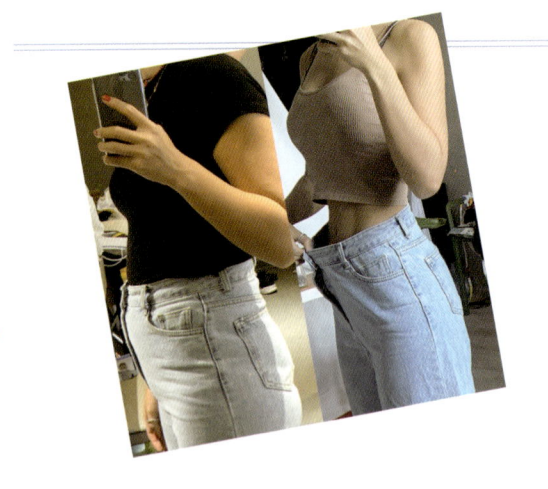

Q1

想知道「暴肥急減」的祕訣、暴飲暴食或吃太多後身心崩潰的管理方法！

「暴肥後急速減重」的最佳方法是在浮腫變成脂肪之前，以最快速度進行管理，恢復現有的健康生活。暴飲暴食的第二天至少要保持12～18小時的空腹期，並增加空腹有氧的強度和時間。推薦進行40分鐘～1小時會喘的運動。有兩餐的碳水化合物和脂肪要吃得比平時少，多吃膳食纖維多的蔬菜和海藻類。但是反覆使用這個方法，很容易就會反彈復胖。在度過「急減」的一天後，從第二天就要開始均衡攝取營養，並像平常一樣進行30分鐘以內的空腹有氧，度過一週。暴飲暴食後，請不要抱著「就吃到今天吧」的想法暫時拋下減重計畫，或因後悔及自責而放棄減重。如果覺得暫時增加的體重會影響心情，暴食的第二天不用站上體重計也沒關係。突然增加的體重是尚未排出的食物和浮腫的重量，還沒有變成脂肪。請在後悔的時候多動一動，幫助減重，尋找健康的生活模式吧。

Q2

維持了6年的身材，有一定要遵守的習慣嗎？

刷牙後空腹喝1杯水＋一天喝1.5L以上的水

起牀後空腹喝的1杯水有助於促進新陳代謝及血液循環，排出夜間堆積在體內的老化廢物，通過腸運動促進排便活動等。睡醒後嘴裡細菌很多，所以一定要用水漱口或刷牙後再喝水。以及一天中會抽空幾次喝一杯水（約250mL），每天共喝1.5～2L的水。

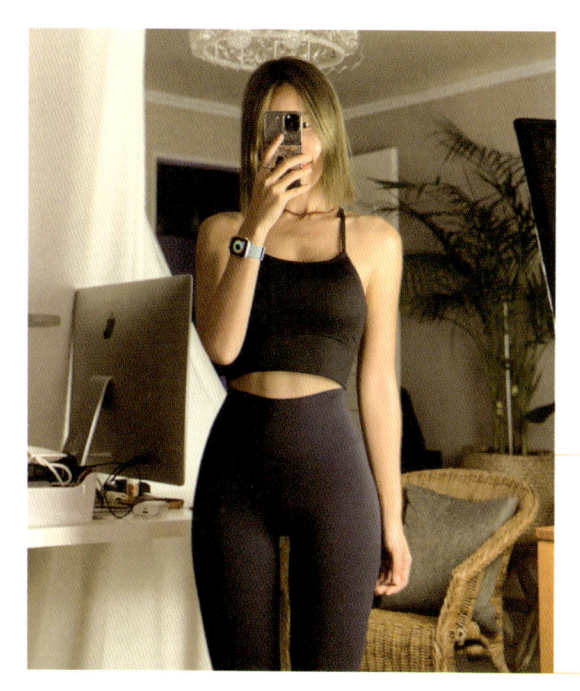

> **Mini 的每日喝水慣例**
> - 空腹：溫水1杯
> - 吃飯前30分鐘：水1杯
> - 下午：防止假性飢餓的 4～5杯水和茶
> - 睡前30分鐘：熱水1杯

增加日常活動量

近距離的移動以快走取代搭乘大眾運輸、午飯後散步、上班時走樓梯代替搭電梯、每次上廁所時做簡單的伸展運動或深蹲等，養成在日常中抽空做運動的習慣，會比有氧運動有更好的效果。

睡前泡腳和輕度伸展運動

睡前泡腳可以緩解一整天下來的腳部疲勞，促進全身血液循環。

曾是浮腫型下半身肥胖的我，藉由泡腳和伸展運動放鬆身體，有助於深度睡眠，迎接清爽的早晨。

Q3

我太討厭運動了，可以單靠飲食控制就減重嗎？

　　當然囉！以我的減重經驗來看，控制飲食就占了八成以上。

　　即使努力運動，如果想吃什麼食物就吃的話，體內的脂肪和肌肉量就會一起增加，身材只會變得壯實，絕對不會瘦下來。首先請調整飲食開始減重，並輕度走路，減掉2～3公斤。對身體變輕盈的變化產生興趣後，到時再來尋找適合自己的運動也為時不晚。透過飲食和運動的加乘作用，可以快速獲得重量減輕和有彈性的身材，基礎代謝也會提高，就能擺脫復胖現象。雖然我也不喜歡運動，但我嘗試了游泳、瑜伽、登山等各種運動，從中找到適合自己的運動，隨著身體的變化，我體驗到日常產生活力的經驗，所以不論何時請一定要嘗試一下。

Q4

控制飲食時很難調節攝取的量。

　　無論是多麼新鮮、對身體有益的食物，如果卡路里或營養過剩，就會成為多餘的能量，堆積成為脂肪了。在習慣調節量之前，請先不要和家人、朋友共享食物，而是裝在幼兒用餐盤或一個盤子裡，練習只吃自己份內的食物。

做本書料理時,請參考書中計量,做出正好一人份的份量食用,有助於調節攝取量。吃飯時不要看電視或手機,完全專心在食物上,細嚼慢嚥,獲得適當的飽足感。寫下飽足感日記也是個好辦法。

Q5

如何克服體重沒有變化的減重停滯期?

只要是減重的人,都會經歷停滯期。因為過去這段時間減去了重量,所以身體需要一段時間適應減輕的體重。這時如果急躁地減少食量,增加運動量,減掉的就不是肥肉而是肌肉了。且會因為過度減重的補償心理,容易食欲大增、暴飲暴食,最終導致復胖。停滯期請遠離體重計,專注於可持續的飲食控制、適當的運動、屬於自己的生活規律。很快就會再次迎來重量快速往下掉的時期。

Q6

雖然想早上做運動,但很容易睡懶覺。有什麼早起的祕訣嗎?

空腹晨間運動對減重真的很有幫助。

雖然這是理所當然的話,但要早睡才能早起。減重的時候要早睡,至少睡6個小時以上,緩解疲勞,打造容易減重的身體。特別是荷爾蒙分泌量高的凌晨2~3點,為了能夠進入深度睡眠,要在晚上12點之前睡覺。把第二天早上要穿的運動服放在床邊,妨礙睡眠的手機放得離床遠遠的。早上鬧鐘一響,就像不倒翁一樣一口氣起床,關掉鬧鐘,直接穿上運動服開始運動吧。

讓自己連煩惱的時間都沒有,像機器一樣站起來運動,重複幾天後就能適應了。

但是,如果因晨練而疲勞過度,就代表身體不適合晨練,那麼就不用堅持一定要早上運動。

PART I

只用一個鍋子
輕鬆完成料理的

一鍋到底

介紹只用一只鍋子烹調，
做完可以直接吃，簡單又方便的料理。
這類食譜的好處數不勝數：第一，要洗的碗少；
第二，用剪刀把材料剪碎，非常簡便；
第三，飯、湯、西式、東南亞料理等各式各樣！
只要煮過一次就會愛上。
如果鍋子太大，製作一餐份量的料理時不容易控制火候，
所以做一鍋到底料理時，推薦使用1～2人份的平底鍋或湯鍋。
完成後可以直接放上餐桌食用，所以選用小鍋較方便。
用蛋白質食材製作能吃飽的，用減重食材製作出美味的料理，
相信一定會合大家的胃口。

鮪魚高麗菜炒飯 × 早餐 晚餐

#平底鍋飯

如果覺得做飯很麻煩，那就從這個食譜開始吧。
不僅烹飪時間短，要洗的碗也少，這道食譜的美味也已在社群媒體上獲得許多人的認可。
減少飯量的同時用高麗菜來增添飽足感，
用鮪魚和雞蛋來補充蛋白質的炒飯，讓料理這件事變得簡單。

材料

- ☐ 糙米飯 60g
- ☐ 鮪魚罐頭 1個（85g）
- ☐ 高麗菜 120g
- ☐ 青陽辣椒 2根
- ☐ 雞蛋 1顆
- ☐ 番茄糊 1大匙
- ☐ 披薩起司 15g
- ☐ 粗片紅辣椒 少許
- ☐ 胡椒粉 少許
- ☐ 橄欖油 2/3大匙

1 高麗菜、青陽辣椒用剪刀剪成一口大小。

2 用湯匙按壓鮪魚，壓出並倒掉油分。

3 熱鍋中倒入橄欖油，先放入高麗菜、青陽辣椒翻炒，再加入糙米飯、鮪魚翻炒。

4 加入番茄糊混合，在食材中間撥出凹槽，倒入少許橄欖油，打入雞蛋。

5 撒上一圈披薩起司，蓋上鍋蓋，以小火悶熟。

6 撒上粗片紅辣椒、胡椒粉即完成。

Part I〔一鍋到底〕 045

清冰箱韓式大醬粥 × 早餐 午餐

#清冰箱大醬粥

你知道韓國大醬是減重時也可以毫無負擔地吃的健康食材嗎?
在少許的大醬中放入蔬菜、蛋白質食材、碳水化合物食材等,
不需要料理得太鹹,因此也不需其他調味料,讓動手做料理變得更加簡單。
用各種食材製作出熱呼呼的營養粥品,享受一整碗的溫暖吧。

材料

- ☐ 去殼蝦仁 85g
- ☐ 燕麥片（即食燕麥）25g
- ☐ 韓國櫛瓜 1/3根（100g）
- ☐ 洋蔥 1/4個（50g）
- ☐ 青陽辣椒 2根
- ☐ 大醬 1/2大匙
- ☐ 青陽辣椒粉 1/3大匙
- ☐ 水 1.5杯

1. 韓國櫛瓜、洋蔥、辣椒切成一口大小，放入鍋中。

> 活用冰箱裡的各種蔬菜。

2. 倒入水煮滾，稍微煮熟櫛瓜後，加入蝦仁、燕麥片，邊煮邊攪拌使食材不黏鍋燒焦。

> 也可以用糙米飯80g取代即食燕麥片。

3. 加入韓式大醬調開，煮滾。

4. 撒上青陽辣椒粉即完成。

> 根據個人喜好調整青陽辣椒粉的量，不太能吃辣的人使用一般辣椒粉即可。

是拉差奶油燉飯 × 早餐 午餐

在義大利餐廳吃到的濃稠奶香義大利燉飯，也可以變成在家中享用的減重料理。
只要有多種蔬菜和飽滿Q彈的蝦子、低脂牛奶，就能完成無罪惡感的義大利燉飯！
這道菜的重點是辣味，料理時請一定要放入是拉差辣椒醬和青陽辣椒。

材料

- 糙米飯 100g
- 冷凍蝦 5隻（90g）
- 洋蔥 1/4顆（50g）
- 青花椰菜 40g
- 青陽辣椒 1根
- 低脂牛奶 2/3杯
- 是拉差香甜辣椒醬 2/3大匙
- 披薩起司 15g
- 巴西利粉 少許
- 橄欖油 2/3大匙

> 使用剪刀會更方便。

1. 洋蔥、青花椰菜、青陽辣椒切成容易入口的大小。

2. 鍋中倒入橄欖油，充分翻炒洋蔥、青花椰菜、青陽辣椒後，再加入蝦子拌炒。

3. 加入糙米飯、牛奶，攪拌至煮滾。

4. 湯汁收乾到一定程度時，加入是拉差辣椒醬、披薩起司和巴西利粉混合拌勻。

鮪魚番茄義大利湯麵 × 早餐 午餐

來，請拿出冰箱裡的蔬菜和在櫥櫃沉睡的鮪魚吧。
也請把吃剩的全麥義大利麵和番茄糊準備好。
在一只鍋中放入所有材料咕嚕咕嚕煮滾，不知不覺料理就完成了。
如鮪魚鍋般讓人放鬆的清冰箱義大利湯麵，真心推薦給各位。

材料

- [ ] 全麥螺旋麵 30g
- [ ] 鮪魚罐頭（85g）
- [ ] 芹菜 12cm（50g）
- [ ] 小番茄 1/4盒50g
- [ ] 杏鮑菇 1/2根
- [ ] 洋蔥 1/4顆（45g）
- [ ] 黑橄欖 2顆
- [ ] 番茄糊 2大匙
- [ ] 水 1.5杯
- [ ] 粗片紅辣椒 少許
- [ ] 橄欖油 2/3大匙

1 用湯匙按壓鮪魚，壓出並倒掉油分。

2 芹菜、番茄、杏鮑菇、洋蔥、橄欖切成一口大小放入鍋中。

使用剪刀會更方便。

3 鍋中倒入橄欖油翻炒，再加入鮪魚拌炒。

4 加入番茄糊、水煮滾，再放入芹菜煮8分鐘。

5 撒上粗片紅辣椒即完成。

Part I〔一鍋到底〕 051

炒蛋佐小魚乾炒飯 × 早餐 午餐

口感酥脆的小魚炒飯和柔軟炒蛋的組合，形成滋味絕妙的炒飯。
多虧了鯷魚的鹹味，即使不加其他調味料也很好吃。
和蛋一起吃的話，鹹味和清淡的味道會和諧地融合在一起，就像在吃兩道菜一樣。

材料

- 糙米飯 100g
- 雞蛋 2顆
- 炒飯用小魚乾 15g
- 杏仁 10顆
- 青陽辣椒 1根
- 青花椰菜 50g
- 蜂蜜 1/3大匙
- 黑芝麻 少許
- 橄欖油 2/3大匙

1 熱鍋中加入橄欖油1/3大匙，放入小魚乾、杏仁、蜂蜜翻炒。

2 暫時關火，青陽辣椒、青花椰菜以剪刀剪成一口大小後放入鍋中。

3 倒入糙米飯，以中火翻炒後，將炒飯集中推到一邊。

4 鍋子空處倒入1/3大匙橄欖油，轉小火，打入雞蛋後以筷子快速攪拌，製作炒蛋。

5 撒上黑芝麻即完成。

減重版豆芽菜炒豬肉 × 晚餐

減重時想叫外賣餐點,經常會選擇黃豆芽炒肉。
辣味可以消除壓力,比起碳水化合物,可以盡情吃肉、黃豆芽等更有飽足感。
自己在家做可使用脂肪較少的豬肉,並減少鈉攝取,做出完美的健康料理。

材料

- [ ] 厚切豬頸肉 100g
- [ ] 黃豆芽 150g
- [ ] 大蔥 15cm（75g）
- [ ] 青陽辣椒 2根
- [ ] 秀珍菇 45g
- [ ] 青陽辣椒粉 2/3大匙
- [ ] 蒜末 1大匙
- [ ] 醬油 1大匙
- [ ] 阿洛酮糖（allulose）1大匙（或寡醣 1/2大匙）
- [ ] 白芝麻 少許
- [ ] 水 1/2杯

1 黃豆芽瀝乾水分放入鍋中。

2 大蔥、青陽辣椒、秀珍菇用剪刀剪成便於食用的大小。

3 豬頸肉放入鍋中攤開，混合辣椒粉、大蒜、醬油、阿洛酮糖後均勻撒上。

4 加水蓋上鍋蓋，煮5分鐘左右，攪拌均勻使調味料充分滲透。

5 豬頸肉煮熟後關火，撒上芝麻即完成。

Part I〔一鍋到底〕

泰式炒蒟蒻粿條 × 午餐

#一鍋到底蒟蒻Pad Thai

一起試著用一只平底鍋快速做出泰式炒粿條（Pad Thai）！
用蒟蒻烏龍麵減少熱量負擔，加入多種蔬菜和玉米，增添清脆爆裂的口感。
再加上一滴鯷魚魚露，在曼谷吃過的美味炸裂炒蒟蒻粿條就完成了！
今天中午不用再煩惱吃什麼，來一盤泰式炒蒟蒻粿條吧。

材料

- [ ] 蒟蒻烏龍麵 100g
- [ ] 雞蛋 2顆
- [ ] 有機玉米罐頭 2大匙
- [ ] 洋蔥 1/5顆（30g）
- [ ] 紅椒 1/3顆（40g）
- [ ] 青陽辣椒 1根
- [ ] 金針菇 1/3包（50g）
- [ ] 細辣椒粉 1/3大匙
- [ ] 蠔油 1/2大匙
- [ ] 鯷魚魚露 1/3大匙
- [ ] 蜂蜜 1/3大匙
- [ ] 胡椒粉 少許
- [ ] 椰子油 2/3大匙（或橄欖油）

1 洋蔥、紅椒切成一口大小，青陽辣椒切碎，金針菇切除根部撕成一條條。

2 蒟蒻烏龍麵撕開塑膠膜，以流動的水沖洗多次，瀝乾水分。

> 蒟蒻在經過炒或煮等加熱過程後，特有的氣味大部分會消失。

3 平底鍋中倒入椰子油，翻炒蔬菜類。

4 放入蒟蒻烏龍麵和玉米，打入雞蛋後快速攪散翻炒。

5 加入細辣椒粉、蠔油、鯷魚魚露、蜂蜜，攪拌均勻，最後撒上胡椒粉即可上桌享用。

Part 1〔一鍋到底〕 057

燕麥片蟹味棒海帶粥 × 早餐 午餐

#燕麥蟹海帶粥

海帶和燕麥片的優點是容易保存，即使放很久也可以吃，
但相反地一買量就很大，令人擔心什麼時候能吃完。
因此這道食譜將海帶和燕麥片一起放入，製作出簡單又好吃的粥。
因為加了海帶和蟹味棒，即使不加調味也不會太淡，味道鮮美可口。

材料

- 乾海帶 5g
- 蟹味棒 2根
- 青陽辣椒 1根
- 燕麥片（即食燕麥）30g
- 雞蛋1顆
- 紫蘇油 1大匙
- 水 2杯

1 以流動的水沖洗乾海帶，蟹味棒連著塑膠膜一起搓揉後再撕成細絲。

2 海帶、辣椒以剪刀剪成小塊後放入鍋中。

3 倒入燕麥片、水，開火烹煮，中間不時攪拌一下，煮到海帶、燕麥片膨脹為止。

4 放入蟹味棒，打入雞蛋，持續攪拌直到蛋煮熟。

5 關火後灑上紫蘇油即完成。

Part I〔一鍋到底〕 059

鮪魚飯餅 × 早餐 午餐

比起正式做一頓炒飯,吃完肉或雞排等,用剩下的醬料做出的鍋巴炒飯更好吃不是嗎?
按照這種感覺,將材料放入鍋中,用飯勺隨意壓炒,製作出散發微微焦香的飯餅。
請搭配香甜的是拉差辣椒醬一同享用。

材料

- 鮪魚罐頭1個（85g）
- 糙米飯 80g
- 雞蛋1顆
- 青陽辣椒 1根
- 甜椒 1/4顆（40g）
- 芝麻葉 5片
- 是拉差香甜辣椒醬 1大匙
- 橄欖油 1/2大匙

1 以湯匙按壓鮪魚，壓出並倒掉油分。

2 鍋中倒入橄欖油，加熱後關火。

> 使用剪刀會更方便。

3 倒入糙米飯、鮪魚後，切碎青陽辣椒、甜椒、韓國芝麻葉加入。

4 開大火，打入雞蛋混合，以飯勺用力壓平。

5 底面熟了之後，以飯勺切分成4～6等份，翻面後再用力壓一下煎熟。

6 淋上是拉差辣椒醬即完成。

Part I〔一鍋到底〕　061

牛肉白蘿蔔燕麥粥 × 早餐 午餐

牛肉白蘿蔔燕麥粥充滿兒時媽媽經常做的牛肉白蘿蔔湯的回憶。
用小鍋燉煮牛肉和白蘿蔔,再放入燕麥片烹煮,比牛肉白蘿蔔湯更美味的粥品就完成了。
清淡爽口的味道,暖身又暖胃,是道會讓人經常想起的料理。

材料

- 燕麥片（即食燕麥）25g
- 牛腱 90g
- 白蘿蔔 150g
- 大蔥 7cm（30g）
- 紫蘇油 1大匙
- 蒜末 1大匙
- 醬油 1大匙
- 水 1.5杯
- 芝麻葉 少許

1. 白蘿蔔切成一口大小，大蔥切成圓片，牛肉以廚房紙巾去除血水後切成一口大小。

2. 平底鍋中倒入1/2大勺紫蘇油，先炒牛肉、大蒜後，再放入蘿蔔、蔥等繼續炒。

3. 加水煮滾，煮到蘿蔔變半透明，再放入燕麥片，邊煮邊攪使粥不燒焦。

4. 倒入醬油、1/2大匙紫蘇油，快速混合後關火，撒上芝麻即完成。

🍴 奶油鮭魚排 × 晚餐

在長期減重中吃了許多雞胸肉，偶爾也會覺得膩。
雖然有點貴，但這時請買一些生鮭魚來做料理吧。
在柔軟的鮭魚中加入低脂牛奶和披薩起司烹調，可以做出在西餐廳吃到的奶油鮭魚排。
偶爾也給努力減重的自己送上特別的一餐吧！

材料

- 生鮭魚（魚排）150g
- 青陽辣椒 1根
- 冷凍綜合蔬菜 100g
- 低脂牛奶 1杯
- 香草調味鹽（Herb Salt）1/5大匙
- 披薩起司 20g
- 胡椒粉 少許
- 橄欖油 1/2大匙

1 熱鍋中加入橄欖油，稍微煎熟鮭魚上下兩面的表面。

2 青陽辣椒切碎放入。

> 使用剪刀會更方便。

3 放入綜合蔬菜、牛奶、香草鹽，以湯匙舀牛奶澆淋鮭魚，煮至湯汁浸透魚肉為止。

4 放入起司，煮至起司融化後，撒上胡椒粉即可享用。

韓式嫩豆腐鍋燕麥粥 × 早餐 晚餐

#豆腐鍋風味燕麥粥

為什麼總是會想吃香辣的食物呢？
特別是有壓力時更容易浮現腦中，這時就會煮像是辣味嫩豆腐鍋的燕麥粥。
滾燙香辣的味道可以滿足我們對刺激性食物的欲望，
在寒冷或身體虛弱的時候也非常適合食用。

材料

- 生雞里肌肉 75g
- 燕麥片（即食燕麥）15g
- 嫩豆腐 100g
- 洋蔥 1/4顆（60g）
- 大白菜泡菜 40g
- 杏鮑菇 1/2根
- 番茄糊 1.5大匙
- 粗片紅辣椒 少許
- 水 1.5杯
- 橄欖油 1/3大匙

> 使用剪刀會更方便。

1 洋蔥、泡菜、杏鮑菇、雞里肌切成一口大小。

2 鍋中倒入橄欖油，炒洋蔥至褐色。

3 加入燕麥片、嫩豆腐、番茄糊、水，煮3～5分鐘至燕麥片膨脹，中間不時攪拌一下。

> 也可以切碎青陽辣椒加入，取代粗片紅辣椒。

4 撒上粗片紅辣椒即完成。

Part 1〔一鍋到底〕 067

舀起來吃的高麗菜披薩 × 早餐 晚餐

高麗菜披薩這個名字聽起來不怎麼好吃，但減重者如果直接跳過這道菜，之後一定會後悔。在平底鍋中壓烤出的燕麥片麵團Q彈，高麗菜絲口感清脆，非常美味。要注意一不小心鍋子可能瞬間就被清空囉！

材料

- 燕麥片（即食燕麥）20g
- 雞蛋1顆
- 有機玉米罐頭 1大匙
- 高麗菜 100g
- 農舍培根（Cottage bacon，一種取自豬肩部位、油脂較少的培根）1/2片（12g）
- 青椒1/5顆（15g）
- 黑橄欖 2顆
- 番茄糊 1.5大匙
- 披薩起司 20g
- 巴西利粉 少許
- 粗片紅辣椒 少許
- 水 1/3杯

Mini's Tip

玉米可以使用超市販售的一般產品，但我用的是有機玉米罐頭，是未經基因改良的玉米，且不添加糖或防腐劑。價格較貴，但玉米通常少量使用作為裝飾配料，所以買一次就可以做出各種健康的料理。

1. 高麗葉切絲放入平底鍋，加入燕麥片、水均勻混合。

2. 開小火，按壓高麗菜絲使其變平，再倒入番茄糊塗抹鋪平。

3. 在高麗菜餅中間撥出一個凹槽，放入披薩起司10克後，用剪刀剪碎培根、青椒、橄欖，和玉米一起放上。

4. 在中間凹槽打入雞蛋，撒上剩餘的披薩起司。

5. 蓋上鍋蓋，以小火煎至起司融化，撒上巴西利粉、粗片紅辣椒即完成。

青醬美乃滋義大利麵 × 晚餐

用植物性美乃滋製作降低膽固醇的創意義大利麵。
放上起司讓口感變得濃稠，用羅勒青醬提味，
加入辣味蔬菜三劍客青陽辣椒、洋蔥、大蒜而香氣四溢，再混入納豆吃出健康！
有趣的食材組合和諧地融合在一起，呈現出毫無空隙的細膩美味。

材料

- ☐ 生雞胸肉 90g
- ☐ 輕食麵 1/2 包（75g）（或蒟蒻麵）
- ☐ 納豆 1 盒
- ☐ 青陽辣椒 1 根
- ☐ 洋蔥 1/2 顆（100g）
- ☐ 大蒜 4 瓣
- ☐ 植物性美乃滋 1 大匙
- ☐ 羅勒青醬 2/3 大匙
- ☐ 橄欖油 1/2 大匙
- ☐ 巴西利粉 少許

1 用筷子攪勻納豆。

2 辣椒、洋蔥、大蒜、生雞胸肉切成一口大小，放入鍋中。

> 若使用蒟蒻麵，請先用水沖洗後再使用。用全麥義大利麵代替輕食麵，作為午餐吃也不錯。

3 平底鍋中倒入橄欖油，炒到雞肉和蔬菜炒熟為止。

4 輕食麵、植物性美乃滋、羅勒青醬放入鍋中翻炒。

∑ Mini's Tip ∑

含有鷹嘴豆粉的圃美多輕食麵，即使不加熱也不會散發蒟蒻特有的氣味，咀嚼的口感也比一般蒟蒻麵柔軟。我主要在Market Kurly線上購買。

5 放上納豆，撒上巴西利粉即完成。

Part I〔一鍋到底〕 071

PART 2

用人氣道具輕鬆快速
完成美味料理的

微波爐&氣炸鍋

減肥時最大的妨礙就是覺得麻煩！
因此微波爐和氣炸鍋是讓減重者覺得感謝萬分的烹飪工具。
只要放入材料加熱卽可，減少辛勞，縮短在爐前的時間。
特別是以太忙爲藉口而跳過不吃的早餐，現在只需要3～5分鐘就能準備好，
對於忙碌的學生和上班族來說尤爲重要。
要持續攪拌才能煮出的粥、餓的時候可以吃的麵包和餅乾等點心，
都可以用氣炸鍋做出來，成了不可或缺的工具。
卽使沒有氣炸鍋，本章也會介紹用微波爐或平底鍋代替的烹飪方法，
可以用多種方式來做料理。

減重版洋釀炸雞 ×　早餐　午餐　晚餐

#半半炸雞

如果在減重期間想吃洋釀炸雞,現在就可以自己做來吃了。
雖然市面上推出許多配上美味醬料的加工雞胸肉,
但可惜的是炸得酥脆的雞皮口感都未能呈現。
因此本食譜用糙米米紙再現酥脆的油炸感,使用雞胸肉做出更健康的料理。
在這道聰明的食譜中,以辣中帶鹹的醬料完美滿足想吃洋釀炸雞的欲望。

材料

- 生雞胸肉 100g
- 糙米紙 4張
- 蔥絲 45g
- 噴霧式橄欖油 少許

洋釀炸雞醬汁

- 青陽辣椒粉 1/3大匙
- 是拉差香甜辣椒醬 1/2大匙
- 番茄醬 1大匙
- 阿洛酮糖 1大匙（或寡醣）
- 碎花生 5～6顆（5g）

大蒜醬油醬汁

- 蒜末 1/2大匙
- 醬油 1大匙
- 阿洛酮糖 2大匙（或寡醣）
- 碎花生 5～6顆（5g）

1. 雞胸肉切成一口大小，米紙用剪刀分成2等份。

2. 米紙先放入熱水中泡一下，馬上取出鋪在砧板上或盤子上。

3. 取一塊雞胸肉放上米紙，以米紙捲起包好。

> 熱鍋中加入橄欖油，以中火煎至兩面呈金黃色為佳。因為米紙可能會燒焦，最好使用即食雞胸肉或事先煮好的雞胸肉。

4. 雞胸肉放入氣炸鍋中，取噴霧式橄欖油噴2～3次後，以180°C烤10分鐘，翻面再烤10分鐘。

> 留一些碎花生做裝飾用。

> 可根據個人喜好選擇將炸雞拌入醬料中，或者蘸取醬汁吃。也可根據個人喜好，替換成蝦、豬肉、切碎的食材等製作。

5. 分別混合好洋釀炸雞醬汁和大蒜醬油醬汁的材料，製成兩種醬料。

6. 容器中鋪上蔥絲，烤好的炸雞對半分別放入兩種不同醬料中，攪拌沾附後取出，撒上碎花生。

韓國年糕風味黃豆粉燕麥糊 × 早餐

香蕉搗碎，加入黃豆粉和燕麥片混合，放進微波爐加熱，
即可完成韓國傳統年糕Injeolmi風味的燕麥糊。
香蕉增加香甜，黃豆粉酥香撲鼻，牛奶和燕麥片的組合口感Q彈！
就像在吃真正的Injeolmi年糕一樣。黃豆粉不一定要用炒過的，
也請用黑芝麻粉、綠茶粉、可可粉等製作創新的燕麥糊試試吧。

材料

- [ ] 燕麥片（即食燕麥）30g
- [ ] 可可碎豆（Cacao Nibs）1/2大匙
- [ ] 炒熟黃豆粉 2大匙
- [ ] 香蕉 1根
- [ ] 杏仁 7顆
- [ ] 藍莓 7顆
- [ ] 低脂牛奶 2/3杯

1 取1/2根香蕉切成圓片狀，剩下的放入耐熱容器中用叉子搗碎。

2 耐熱容器中加入燕麥片、可可碎豆、牛奶、黃豆粉混合，以微波爐加熱1分30秒。

> 留一些可可碎豆、黃豆粉作裝飾用。

3 燕麥糊上撒上少許黃豆粉，並以香蕉、杏仁、藍莓、可可碎豆等配料做裝飾。

> 搭配蘋果薄荷等香草裝飾，不僅看起來好看，拍照也很上相。

茄子嫩豆腐焗烤 × 早餐 晚餐

嫩豆腐和茄子的組合十分新鮮有趣對吧？
再加點番茄糊和起司做成焗烤，該有多好吃呢？
把全部食材都放進去拌一拌，再用微波爐加熱一下就完成了，
方法雖然很簡單，但與輕鬆的作工相比卻很好吃。
再加上有辣椒粉及粗片紅辣椒的辣味，吃起來不會膩口。

材料

- 茄子 1/3根
- 牛番茄 1/2顆（100g）
- 洋蔥 1/4顆（50g）
- 燕麥片（即食燕麥）20g
- 雞蛋 1顆
- 嫩豆腐 50g
- 番茄糊 1大匙
- 辣椒粉 1/3大匙
- 披薩起司 15g
- 粗片紅辣椒 少許
- 巴西利粉 少許

1 茄子、牛番茄、洋蔥切粗塊。

2 取一耐熱容器，放入茄子、番茄、洋蔥、燕麥片、雞蛋、嫩豆腐、番茄糊、辣椒粉，混合均勻。

3 均勻撒上披薩起司，放入微波爐加熱4分鐘。

4 撒上粗片紅辣椒、巴西利粉即可享用。

辣椒洋蔥土司 × 早餐 午餐

青陽辣椒、洋蔥、芝麻葉,韓國人熟悉的三種蔬菜,
各自有著特有的味道和香氣,屬於自我主張比較明確的類型。
這麼嗆辣又獨特的材料全部混在一起放在土司上,你應該會很訝異吧?
但一嘗就發現這正符合韓國人的口味,也許又會嚇一跳吧?
那麼請提前做好被驚喜到的準備,製作超簡單土司來享受吧。

材料

- 全麥土司 1片
- 青陽辣椒 1根
- 洋蔥 1/2顆（80g）
- 芝麻葉 3片
- 雞蛋 1顆
- 披薩起司 10g
- 植物性美乃滋 1大匙
- 是拉差香甜辣椒醬 1/2大匙
- 巴西利粉 少許

1 青陽辣椒、洋蔥用刀或食物調理器切碎後，放入芝麻葉再切碎一次。

2 切碎的蔬菜、是拉差辣椒醬、美乃滋攪拌均勻，做成抹醬。

3 在土司上塗抹醬料。

4 在中間部分挖出一點凹槽，打入雞蛋。

> 使用微波爐時，用叉子戳過蛋黃後，再加熱3分30秒左右。

5 放入氣炸鍋中，以180°C烤8分鐘，放上起司再烤7分鐘，撒上巴西利粉即完成。

鹹甜杯子麵包 × 早餐 午餐

介紹用微波爐快速製作的鹹甜麵包給各位。
使用健康、美味的材料,讓製作時家裡充滿像是外面麵包店販售的香腸麵包香氣。
極有飽足感,營養豐富,越吃越有好吃,集所有優點於一身的鹹甜麵包,
想必大家會經常做來吃。

材料

- 什錦果乾燕麥 40g
  （或燕麥片&果乾&堅果類）
- 農舍培根 1片
  （25g）
- 洋蔥 1/6顆（20g）
- 墨西哥辣椒
  （Jalapeño）15g
- 雞蛋 2顆
- 低脂牛奶 2大匙
- 披薩起司 15g
- 巴西利粉 少許
- 粗片紅辣椒 少許

1. 培根、洋蔥、墨西哥胡椒切成粗塊。

2. 馬克杯中加入什錦果乾燕麥、培根、洋蔥、雞蛋1顆、牛奶後攪拌混合。

> 留幾塊培根和墨西哥辣椒作為裝飾配料。

3. 打上1顆雞蛋，放上裝飾用培根、墨西哥胡椒、披薩起司，用微波爐加熱2分30秒。

> 為防止蛋黃爆炸，請先用叉子戳過蛋黃。使用氣炸鍋時，在馬克杯內塗上橄欖油，以170℃烤18分鐘。

4. 從杯中取出麵包放在盤子裡，撒上巴西利粉、粗片紅辣椒即完成。

> 也可以不從杯中取出，直接用湯匙挖著吃。

Part 2〔微波爐&氣炸鍋〕

明太魚乾燕麥粥 × 早餐 午餐

明太魚乾絲不僅有助於解宿醉,還是高蛋白食品,
即使只有少量也能攝取到大量蛋白質。
所以在設計減重食譜時,也很適合使用在各種不同料理中。
即使不加任何調味,明太魚乾本身的鹹味也會和食材融合在一起,
製作出清淡而飽足的一餐。

材料

- ☐ 燕麥片（即食燕麥）25g
- ☐ 雞蛋 1顆
- ☐ 洋蔥 1/4顆（60g）
- ☐ 明太魚乾絲 10g
- ☐ 冷凍綜合蔬菜 2把（50g）
- ☐ 無糖豆漿 1杯
- ☐ 披薩起司 15g
- ☐ 巴西利粉 少許

1 洋蔥切成粗塊，明太魚乾絲以剪刀剪成方便食用的大小。

2 耐熱容器中放入燕麥片、雞蛋、洋蔥、明太魚乾絲、綜合蔬菜、豆漿後混合均勻。

3 均勻撒上披薩起司，以微波爐加熱3分鐘，再撒上巴西利粉即完成。

> 根據微波爐的功率大小不同，豆漿加熱後的溫度可能會有些許差異。

∑ Mini's Tip ∑

冷凍綜合蔬菜對各種不同的料理都有很大用處。提前買好放在冷凍存放，沒有食材可用的時候很有用，不需要花時間備料，可以縮短烹飪時間。在大型超市或網路商城搜尋「冷凍綜合蔬菜」，就會出現各種品牌的產品。

披薩風味栗子南瓜Eggslut × 早餐 午餐

對於喜愛救荒作物（譯註：因荒年等欠收嚴重時，可以代替主食食用，不受旱災和水災影響，在貧瘠的土地上也能栽種的農作物，如馬鈴薯、地瓜、玉米等）的減重者來說，這是道知名的食譜對吧？加入地瓜或栗子南瓜（或南瓜）、起司、雞蛋，就是兼具美味和營養的蛋料理Eggslut！
光是材料就很好吃，但是我們會將這道菜做得更特別一點。
下面就為大家介紹加入清爽番茄糊和洋蔥、橄欖，可以體驗到美味新世界的栗子南瓜Eggslut。

材料

- 迷你栗子南瓜 1顆（230g）
- 洋蔥 1/6顆（20g）
- 黑橄欖 1顆
- 雞蛋 1顆
- 披薩起司 20g
- 番茄糊 1/2大匙
- 巴西利粉 少許

> 先用微波爐稍微弄熟栗子南瓜，之後會比較好處理。請根據南瓜的大小調整加熱時間。

1 整個栗子南瓜放入微波爐加熱1分30秒，切開頂部作為上蓋使用，用湯匙挖空內部。

2 洋蔥切碎，黑橄欖切塊但保留外形。

∑ Mini's Tip ∑

栗子南瓜在當季的5～9月最好吃。用體積更大一點的一般南瓜製作時，請多加點雞蛋和醬料，分成2～3次食用。

3 栗子南瓜中放入番茄糊、洋蔥、橄欖。

4 打入雞蛋、撒上起司。

> 若使用微波爐製作，須先以叉子戳過蛋黃後，再加熱約3分30秒。

5 蓋上剛剛切下的南瓜上蓋，放入氣炸鍋中，以160°C加熱10分鐘，再打開蓋子，以180°C加熱10分鐘。

6 撒上巴西利粉即完成。

Part 2〔微波爐&氣炸鍋〕　087

蛋碳脂派 × 早餐 午餐 晚餐 點心 （分2次食用）

使用在百元商店購買的便宜派模做出營養豐富的蛋碳脂派（蛋白質＋碳水化合物＋脂肪）。
放入多種食材，讓各食材的味道互相融合，即使沒有其他醬料，味道也很棒。
切成一口大小，可以在繁忙的早晨快速食用，作為運動前吃的點心或晚餐也很方便。

材料

- ☐ 雞蛋 3顆
- ☐ 生雞里肌肉 150g
- ☐ 南瓜 70g
- ☐ 小番茄 4顆
- ☐ 青陽辣椒 1顆
- ☐ 黑橄欖 2顆
- ☐ 冷凍綜合蔬菜 50g
- ☐ 披薩起司 20g
- ☐ 噴霧式橄欖油 少許

1 小番茄切成四等份，辣椒切細片，黑橄欖切圓片。

2 雞里肌肉、南瓜切成一口大小，雞蛋仔細打散做成蛋液。

3 派模上塗上橄欖油。

4 派模中倒入一半蛋液，均勻放上小番茄、辣椒、橄欖、雞里肌肉、南瓜、綜合蔬菜後，再倒入剩下的蛋液。

> 使用瓦斯爐製作時，請在平底鍋上放入材料，蓋上蓋子以小火加熱至蛋液內部熟透為止。

5 噴上噴霧式橄欖油，放入氣炸鍋以180°C烤15分鐘，均勻撒上披薩起司後，再烤5分鐘。

6 蒸氣散去後切成四等份，即可分成兩次食用。

青葡萄鮮蝦土司 ✕ 早餐 午餐

我平時喜歡做蛋白質食品和水果組合成的料理。
身體需要的蛋白質和酸甜新鮮的水果配在一起吃,味道的均衡感非常好。
因此這裡試著把鮮蝦和青葡萄做成有趣的土司。
以無鹽奶油稍微煎過的蝦子嚼起來飽滿有彈性,青葡萄的清爽感綻開,
以及羅勒青醬的清香充滿口中。

材料

- 蝦子 6尾（82g）
- 全麥土司 1片
- 洋蔥 1/6顆（30g）
- 青葡萄（麝香葡萄）5顆
- 黑橄欖 3顆
- 無鹽奶油 5g
- 羅勒青醬 1/3大匙
- 披薩起司 20g
- 黃芥末 少許
- 巴西利粉 少許

1 洋蔥切絲，葡萄切成兩等份，黑橄欖切圓片。

2 無鹽奶油放入熱鍋中融化，放上蝦子稍微煎熟表面。

> 在切絲蔬菜中混入醬料，即使只使用少量的醬，也能帶出味道。

3 洋蔥、羅勒青醬混合均勻，薄薄塗一層在土司上。

4 擺上黑橄欖、蝦子、起司，放入氣炸鍋中以180°C烤7分鐘。

5 放上青葡萄，淋上黃芥末醬、巴西利粉即完成。

高蛋白咖哩麵包 × 早餐 午餐 點心

Q彈有嚼勁的口感，吃起來既健康又飽足，以代替正餐的減重麵包來說，沒有比這更好的了。
用超市就能輕鬆找到的食材簡單製作的麵包，
就像在麵包店買的一樣香噴噴又Q彈，令人十分滿足。
代替正餐吃，請吃2～3個，當點心吃的話只吃1個！

材料

- 燕麥片（即食燕麥）50g
- 生雞胸肉 1塊（140g）
- 雞蛋 3顆
- 洋蔥 1/4顆（60g）
- 胡蘿蔔 1/4根（60g）
- 芝麻葉 4片
- 青陽辣椒 2根
- 有機玉米罐頭 2大匙
- 咖哩粉 2大匙
- 煙燻紅椒粉 1/2大匙
- 香草調味鹽 1/3大匙
- 披薩起司 40g
- 橄欖油 1/2大匙

1. 燕麥片用果汁機打細。

2. 洋蔥、胡蘿蔔、芝麻葉、青陽辣椒、雞胸肉磨成細末。

> 使用食物調理機會很方便。

3. 打細的食材中加入燕麥片、雞蛋、玉米、咖哩粉、紅椒粉、香草調味鹽、披薩起司20g，混合後做成麵團。

4. 矽膠模中塗上橄欖油，舀入麵團。

> 使用微波爐製作時加熱3分鐘。裝一碗水一起放入加熱，麵團會吸收水分，就能做出濕潤的麵包體。

5. 放入氣炸鍋中，以160°C加熱15分鐘，撒上剩下的起司後，再加熱5分鐘，取出放涼。

燻金針菇披薩 × 晚餐

便宜的健康食材金針菇可以使用在多種料理上。
我有時會用金針菇來代替披薩麵團，水分在氣炸鍋中蒸發後變得脆脆的金針菇，
吃起來總是給人帶來快樂。再加上雞胸肉火腿和多種蔬菜，撒上紅椒粉加入煙燻香氣，
請好好享受美味更上一層樓的低碳水化合物比薩吧。

材料

- ☐ 金針菇 150g
- ☐ 雞胸肉火腿 50g
- ☐ 紅椒 1/4顆（30g）
- ☐ 黃椒 1/4顆（30g）
- ☐ 黑橄欖 2顆
- ☐ 洋蔥 1/4顆（40g）
- ☐ 番茄糊 1大匙
- ☐ 披薩起司 20g
- ☐ 煙燻紅椒粉 少許

1 紅黃椒、黑橄欖切成圓形薄片，洋蔥切成細絲。

2 金針菇切除根部，一根一根地撕開。雞胸肉火腿用煮滾的水燙一下，切成一口大小。

3 氣炸鍋中鋪上烘焙紙，放入金針菇鋪平，以180°C烤10分鐘，使水分蒸發。

4 均勻混合洋蔥、番茄糊。

5 另取一盤，盤內鋪上金針菇，均勻放上混合好的洋蔥，再放入橄欖、紅椒、雞胸肉火腿、起司、紅椒粉等配料。

6 放入氣炸鍋中，以180°C加熱5分鐘即完成。

Part 2〔微波爐&氣炸鍋〕 095

🍽 小章魚泡菜粥 × 早餐 午餐

把知名粥品專賣店中最喜歡的品項做得更健康、不刺激。
在少量熟透的泡菜中加入番茄糊和洋蔥,增添這些食材特有的美味,讓味道更加美味。
並加入了章魚,是一道高蛋白、能填飽肚子並補充體力的健康料理。

材料

- 燕麥片（即食燕麥）25g
- 煮熟鷹嘴豆 2大匙（40g）（或鷹嘴豆罐頭）
- 洋蔥 1/5顆（50g）
- 大白菜泡菜 30g
- 小章魚 1隻（80g）
- 青蔥 少許
- 番茄糊 1大匙
- 披薩起司 15g
- 水 2/3杯
- 胡椒粉 少許

1 洋蔥、泡菜、章魚切粗塊，青蔥切細。

2 耐熱容器中放入燕麥片、鷹嘴豆、洋蔥、泡菜、章魚、番茄糊、水，攪拌均勻。

3 均勻放上披薩起司，用微波爐加熱4分鐘。

4 撒上蔥末、胡椒粉即可食用。

全麥披薩 × 早餐 午餐

使用薄薄的全麥餅乾來做麵團的Mini牌披薩，已經在社群媒體上廣受歡迎。
和市售薄皮比薩餅相比也毫不遜色的味道，製作方法十分簡單。
家人朋友都喜歡我做的披薩，所以現在已經不會買外面的披薩吃了呢。
減肥期間想吃披薩不用忍耐，記住這個食譜吧！

材料

- ☐ 全麥餅乾 5片
- ☐ 洋蔥 1/4顆（50g）
- ☐ 青椒 1/4顆（25g）
- ☐ 農舍培根 1片（20g）
- ☐ 黑橄欖 2顆
- ☐ 番茄糊 1大匙
- ☐ 披薩起司 15g
- ☐ 雞蛋1顆
- ☐ 黃芥末 1/2大匙

1. 洋蔥、青椒切成薄片，培根切成一口大小，橄欖切成圓片。

2. 烘焙紙上鋪一層全麥餅乾，餅乾之間稍微交疊鋪成平面。

> 我使用的是「FINN CRISP酵母黑麥薄脆餅」。

3. 仔細混合洋蔥、番茄糊後，均勻地鋪在全麥餅乾上。

> 也可以用番茄泥或羅勒青醬取代番茄糊。

> 在洋蔥中混入醬料，即使只用少量醬料也能均勻吸附。

4. 放上青椒、橄欖、培根、起司，在中間打上雞蛋，放入氣炸鍋中以180°C烤10分鐘。

> 若使用微波爐，為了防止蛋黃爆炸，請先用叉子戳過後，再放入微波爐加熱2分鐘，如果蛋黃還沒熟則再加熱一下。

5. 擠上黃芥末醬。

> 撒上粗片紅辣椒、巴西利粉等，外觀和味道更升級！

PART 3

挑選各式
美食的樂趣

異國家常料理

我認為在減重的過程中有一點很重要，
就是不要太快就覺得厭煩。
如果因為一直吃同樣的食物而吃膩了，
很容易就放棄減重。
我能減重22公斤並維持6年，
是因為我試著用健康的食材製作吃過的各種異國美食，
以及平時就喜歡的食物，嘗試了多種味道。
除了韓式、中式、西式、日式、麵食以外，
就連東南亞料理和甜點也自己做來吃，拓寬了料理的範圍，
就是為了在減重過程中沒有不能吃的東西。
即使是家常料理，也不一定非得要吃韓式。
請用Mini的異國家常料理，
根據個人口味、心情來選擇菜單，美味地減重吧。

番茄泡菜炒飯 × 早餐 午餐

泡菜炒飯是只要注意泡菜的鈉含量，在減重時也能做來吃的美味料理。
在減少泡菜量的同時，增加辣味的蔬菜，
以及加熱後營養吸收率會提高的番茄，也會讓料理的鮮味更升級。
在減重時不要錯過泡菜炒飯喔。

材料

- 糙米飯 100g
- 雞蛋 1顆
- 洋蔥 1/4顆（50g）
- 牛番茄 1/2顆（100g）
- 大蔥 10cm（30g）
- 青陽辣椒 1根
- 大白菜泡菜 40g
- 橄欖油 2/3大匙
- 番茄醬 1/2大匙（可省略）

1 洋蔥、番茄切成粗塊，辣椒、大蔥、泡菜切成小塊。

2 熱鍋中加入橄欖油，煎一顆荷包蛋備用。

> 用大火炒，番茄的水分才會收乾。

> 若放入用筷子攪拌過的納豆，就會像加入滿滿起司的泡菜炒飯，可以吃到濕潤的口感。

3 用同一個鍋子炒辣椒、洋蔥後，放入泡菜、洋蔥，以大火翻炒。

4 放入糙米飯，仔細翻炒後，起鍋盛裝至容器中，放上荷包蛋、淋上番茄醬即可上桌。

蒟蒻辣炒年糕 × 午餐

碳水化合物和鈉集合體的辣炒年糕，在減重中最好避開才是正解。
但如果太想吃而有壓力，請留心閱讀這個食譜吧。
加入蒟蒻烏龍麵、栗子南瓜和豆腐棒取代讓人發胖的年糕，
用辣椒粉和辛香蔬菜製作出香辣滋味。
對想念辣炒年糕的減重者來說，會是一大快樂。

材料

- [ ] 蒟蒻烏龍麵 80g
- [ ] 迷你南瓜 70g
- [ ] 洋蔥 1/4顆（50g）
- [ ] 豆腐棒 90g
- [ ] 青陽辣椒 2根
- [ ] 披薩起司 10g
- [ ] 大蒜粉 少許
- [ ] 巴西利粉 少許
- [ ] 橄欖油 2/3大匙

辣椒醬料

- [ ] 辣椒粉 1/2大匙
- [ ] 蒜末 2/3大匙
- [ ] 椰棗糖漿 1/3大匙
- [ ] 辣椒醬 1/3大匙
- [ ] 水 1杯

∑ Mini's Tip ∑

圃美多豆腐棒是用豆腐和魚肉製成的，口感Q彈飽滿，可以用來代替香腸和年糕。使用魚肉含量高的魚板代替豆腐棒亦佳。

1 南瓜、洋蔥、豆腐棒切成一口大小，辣椒切成小塊。

2 蒟蒻烏龍麵以冷水沖洗乾淨，用篩網瀝乾水分。

> 蒟蒻特有的氣味加熱後會消失。蒟蒻烏龍麵的口感比一般烏麵更好。

3 均勻混合辣椒醬料的材料。

4 熱鍋中倒入橄欖油，加入洋蔥、辣椒翻炒後，再放入南瓜、豆腐棒繼續炒。

5 放入蒟蒻烏龍麵、辣椒醬料，燉煮收乾後撒上起司。

> 盛入耐熱容器中撒上起司，放入氣炸鍋以180℃烤5分鐘，起司就會變金黃。

6 盛入碗中，撒上大蒜粉、巴西利粉即完成。

🍴 雞胸肉Bun Cha沙拉 ✕ 晚餐

用一大匙鯷魚魚露或魚露製作的越式Bun Cha（烤肉米線）風味沙拉。
請準備好冰箱有的蔬菜和減重必備品雞胸肉。
如果還有代替米線的蒟蒻麵就更棒了。
裡面還放了有助於消化吸收蛋白質的奇異果，
叉起沙拉食材，蘸著混合好的Bun Cha蘸醬吃，就沒有必要吃外食了吧？

材料

- 即食雞胸肉 100g
- 生菜 6片
- 奇異果 1/2顆
- 胡蘿蔔 1/4根（50g）
- 紫高麗菜 30g
- 蒟蒻麵 100g

Bun Cha蘸醬（份量可供2次食用）

- 青陽辣椒 1根
- 洋蔥 1/8顆（20g）
- 鯷魚魚露 1大匙（或魚露）
- 檸檬汁 1大匙
- 阿洛酮糖 1大匙（或寡醣 1/2大匙）
- 水 1/3杯
- 蒜末 1/4大匙

> 奇異果皮富含膳食纖維、葉酸、維他命，洗淨切成薄片食用口感也很棒。

1. 生菜瀝乾水分，奇異果連皮洗淨。

2. 胡蘿蔔斜切薄片，生菜切成一口大小，紫高麗菜切絲，奇異果連皮切成圓片。

> 用熱水燙過蒟蒻麵，蒟蒻特有的氣味會幾乎消失。

3. 雞胸肉切成一口大小，要加入Bun Cha蘸醬中的青陽辣椒、洋蔥切碎。

4. 蒟蒻麵在冷水中沖洗多次，放入篩網中，倒入滾水燙一下，再瀝乾水分。

5. 均勻混合Bun Cha蘸醬材料。

6. 取一盤子，放上雞胸肉、胡蘿蔔、高麗菜、奇異果、生菜、蒟蒻麵圍成一圈，即可蘸著Bun Cha蘸醬吃。

海帶醋雞麵 × 晚餐

介紹一下炎熱天氣的簡單補品。
以海帶、輕食麵和雞胸肉達到飽足感並補充蛋白質。
不要擔心又是雞胸肉料理。
清脆的小黃瓜和火辣的青陽辣椒,與酸甜交織的香噴噴湯汁融合在一起,
變身為別具一格的夏季美味,好吃到讓人連吃膩雞胸肉的想法都沒有。

材料

- 即食雞胸肉 100g
- 輕食麵 1/2 包（75g）
- 乾海帶 5g
- 青陽辣椒 1 根
- 小黃瓜 1/3 根（65g）
- 白芝麻 少許

湯底材料

- 白芝麻 1/2 大匙
- 青陽辣椒粉 1/2 大匙
- 蒜末 1 大匙
- 糙米醋 5 大匙
- 醬油 1 大匙
- 阿洛酮糖 2 大匙（或寡醣）
- 水 2 杯

1 乾海帶泡冷水10分鐘泡開，擠乾水分後切成易食用的大小，放入冰箱冷藏備用。

2 辣椒切薄片，小黃瓜切絲。

3 輕食麵放入篩網中瀝乾水分，雞胸肉撕成細絲。

4 取一容器放入所有湯底材料混合均勻，加入海帶、小黃瓜、雞胸肉、辣椒後再次混合均勻。

> 留一些小黃瓜絲、雞胸肉、辣椒裝飾用。

5 取一碗放入輕食麵，再倒入湯底。

6 放上裝飾用小黃瓜、雞胸肉、辣椒，撒上芝麻即完成。

Part 3〔異國家常料理〕 109

鹹甜炒蛋土司 × 早餐 午餐

回憶中的街頭小吃土司，你還記得吧？
鬆軟的土司、加入蔬菜的嫩滑炒蛋、番茄醬和糖的酸甜味填滿口中的那個味道！
我使用草莓果醬代替砂糖，並添加是拉差香甜辣椒醬，展現「鹹甜鹹甜」的魅力。
最好使用完全不加糖的100%草莓果醬。

材料

- [ ] 全麥土司 1 片
- [ ] 雞蛋 2顆
- [ ] 胡蘿蔔 1/4根（50g）
- [ ] 洋蔥 1/4顆（50g）
- [ ] 披薩起司 15g
- [ ] 草莓果醬 1/3大匙
- [ ] 是拉差香甜辣椒醬 1/2大匙
- [ ] 巴西利粉 少許
- [ ] 橄欖油 1/2大匙

> 使用食物調理機切細蔬菜會很方便。

> 使用的是不加砂糖、只用水果本身帶出甜味的草莓果醬。

1 胡蘿蔔、洋蔥切細，雞蛋打勻成蛋液。

2 乾鍋中放入土司煎烤兩面，其中一面塗上薄薄草莓果醬。

3 蛋液中放入胡蘿蔔、洋蔥混合均勻，熱鍋中加入橄欖油，倒入蛋液做成炒蛋。

4 加入披薩起司快速翻炒混合。

5 炒好的炒蛋放上土司，淋上是拉差辣椒醬、撒上巴西利粉即完成。

🍴 甜辣鮪魚拌飯 × 早餐 午餐

鮪魚拌飯可以同時吃到蛋白質、蔬菜、優質碳水化合物，
又有飽足感，所以無論何時都很受歡迎。
啊，大家都知道要先把罐裝鮪魚用熱水沖過，去掉油脂後再吃吧？
加入各種蔬菜和Mini特調甜辣醬，再放上半熟荷包蛋，請攪拌後好好享用這道美食吧。

材料

- 鮪魚罐頭 1個（85g）
- 雜糧飯 100g
- 洋蔥 1/8顆（30g）
- 胡蘿蔔 1/8根（30g）
- 青陽辣椒 1根
- 生菜 5片
- 海苔 1/2片
- 雞蛋 1顆
- 橄欖油 1/3大匙

甜辣醬

- 芝麻鹽 1/2大匙
- 蒜末 1/3大匙
- 是拉差香甜辣椒醬 1大匙
- 椰棗糖漿 1/3大匙（或蜂蜜）
- 水 1大匙
- 橄欖油 1/3大匙

1 洋蔥、胡蘿蔔切絲，辣椒切碎，生菜、海苔用剪刀剪成細絲。

2 罐裝鮪魚倒在篩網上，澆淋滾水去除油分。

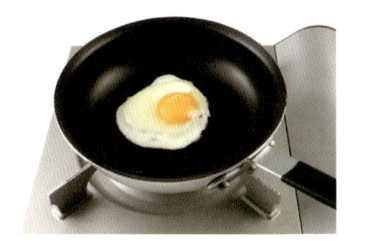

3 平底鍋中倒入橄欖油，煎一顆荷包蛋。

4 甜辣醬的料材和辣椒碎末攪拌均勻。

5 取一個碗裝飯，再放入洋蔥、鮪魚、生菜、胡蘿蔔、海苔、荷包蛋，最後加入甜辣醬即可上桌。

🍴 菠菜豆腐炒蛋 × 晚餐

菠菜是富含維他命、鈣、鐵的蔬菜。
這道料理是用菠菜、豆腐和雞蛋製作的健康晚餐。
炒得鬆軟的豆腐和炒蛋被燙過的菠菜輕柔包覆住,
再加上又香又酥的花生,讓人越咀嚼越開心。

材料

- ☐ 菠菜 1把（70g）
- ☐ 豆腐 1/3盒（100g）
- ☐ 花生 15顆（15g）
- ☐ 雞蛋 2顆
- ☐ 紫蘇油 1大匙
- ☐ 鹽 1/5大匙
- ☐ 胡椒粉 少許
- ☐ 橄欖油 1/3大匙

1 菠菜洗淨，瀝乾水分，撕成一條一條便於食用的大小。

2 豆腐用刀背拍碎，花生搗碎，雞蛋打成蛋液。

3 菠菜放入篩網中，倒入滾水稍微燙一下。

4 平底鍋中倒入橄欖油，放入豆腐和雞蛋翻炒，做成豆腐炒蛋。

5 取一個碗放入菠菜、豆腐炒蛋、花生碎、紫蘇油、鹽、胡椒粉，攪拌混勻即完成。

Part 3〔異國家常料理〕

減重版拌麵 × 晚餐

吃到酸酸甜甜辣辣的食物後,壓力是不是一下子就緩解了呢?
所以我經常做拌麵來吃。
將含有豐富膳食纖維的輕食麵和蔬菜,加入Mini特製拌麵醬拌一拌,
味道可不輸市面上賣的拌麵,讓人心情舒暢。
在上面放水煮蛋或瘦肉一起配著吃也很美味。

材料

- 輕食麵 1/2包（75g）（或蒟蒻麵）
- 洋蔥 1/8顆（30g）
- 小黃瓜 1/4根（45g）
- 高麗菜 100g
- 大白菜泡菜 40g
- 雞蛋 1顆
- 醋 1/2大匙
- 鹽 1/2大匙
- 白芝麻 少許

拌麵醬

- 大蒜 2辦
- 洋蔥 1/8顆（30g）
- 蘋果 1/5顆（45g）
- 辣椒粉 1大匙
- 醬油 1大匙
- 阿洛酮糖 1大匙（或寡醣 1/2大匙）
- 紫蘇油 1大匙

1. 洋蔥、小黃瓜、高麗菜切細絲。

2. 水中倒入醋、鹽後，放入雞蛋煮10分鐘以上煮成全熟蛋，煮好後撈起泡冷水，剝除蛋殼切成兩等份備用。

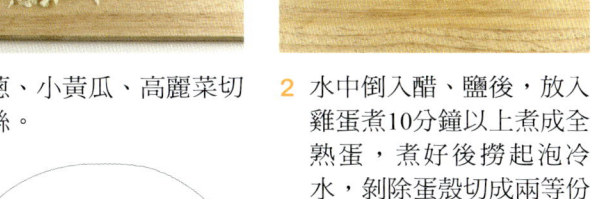

使用一般蒟蒻麵時，放入滾水中汆燙一下，去掉蒟蒻特有的氯味。

3. 輕食麵用水沖洗後，以篩網濾乾水分。

4. 拌麵醬的所有材料放入果汁機打細。

留一些小黃瓜作裝飾用。

5. 取一個碗放入、洋蔥、小黃瓜、高麗菜、泡菜、拌麵醬拌勻。

6. 再取一個碗放入拌好的麵，放上裝飾用小黃瓜、水煮蛋、白芝麻即完成。

Part 3〔異國家常料理〕 117

雞肉包飯拼盤 × 早餐 晚餐

#海苔生菜雜糧飯蒜片雞肉

乾柴的雞胸肉和地瓜吃膩了怎麼辦？如果沒時間做飯怎麼辦？
這時，只要從冰箱拿出食材就能輕鬆完成的雞肉拼盤是最適合的。
在海苔上放上芝麻葉和醃蘿蔔片，包上小小一球雜糧飯、雞胸肉、大蒜一起吃，
比豬肉菜包飯還好吃也更飽足。
吃過可能會忘不了這個味道，好一段時間變成固定菜單囉～

材料

- 雜糧飯 80g
- 即食雞胸肉 100g
- 海苔 2片
- 芝麻葉 10片
- 大蒜 4辦
- 醃蘿蔔片 5片
- 巴西堅果 2顆
- 黑芝麻 少許

1 芝麻葉洗淨瀝乾。

2 大蒜切成薄片，醃蘿蔔片稍微擠乾水分，切成2等份。

3 海苔分成6等份，雞胸肉放入微波爐中加熱。

4 取一個盤子放上雜糧飯、雞胸肉、海苔、芝麻葉、醃蘿蔔片、巴西堅果，在飯上撒上黑芝麻。

> 用冰淇淋勺或湯匙把飯弄成圓圓一球，擺盤起來會更漂亮。

🍴 咖哩魚板蓋飯 × 早餐 午餐

厭倦了雞胸肉之類的蛋白質食品時，就用魚肉含量高的魚板來做料理吧。
在Q彈的魚板和各種蔬菜中以咖哩粉增添香氣，
用花生醬提升香甜感，香味與眾不同的炒魚板就完成囉！
雜糧飯放上魚板，再放上半熟荷包蛋，把蛋黃戳破享用美味吧。

材料

- [ ] 雜糧飯 100g
- [ ] 魚板 70g
- [ ] 櫛瓜 1/3根（80g）
- [ ] 杏鮑菇 1/2根
- [ ] 青陽辣椒 1根
- [ ] 雞蛋 1顆
- [ ] 咖哩粉 1/4大匙
- [ ] 孜然粉 少許
- [ ] 花生醬 1/3大匙
- [ ] 胡椒粉 少許
- [ ] 巴西利粉 少許
- [ ] 椰子油 2/3大匙

∑ Mini's Tip ∑

魚板的麵粉含量高，請盡量選購魚肉含量高的製品。三珍魚板的premium plain fish cake（천오란다）魚肉含量有90%以上，我經常使用。

1. 魚板、櫛瓜、杏鮑菇切成一口大小，辣椒切成薄片。

2. 熱鍋中倒入1/3大匙椰子油，煎一顆荷包蛋。

3. 熱鍋中倒入1/3大匙椰子油，翻炒辣椒、櫛瓜後，再放入魚板、杏鮑菇繼續炒。

4. 加入咖哩粉、孜然粉、花生醬、胡椒粉均勻混合並翻炒。

> 如果沒有孜然粉，就再放1/3大匙咖哩粉。

5. 取一個碗盛飯，放上炒好的魚板，再放上煎荷包蛋，撒上巴西利粉即可享用。

番茄雞蛋燕麥飯 × 晚餐

將番茄和雞蛋的組合奉為王道的我，十分喜歡在番茄炒蛋中加入燕麥片，
做出一碗富含營養的番茄雞蛋燕麥飯。
這道料理主要當晚餐吃，所以放入一些燕麥片，也加入白花椰菜米，以增加飽足感。
非常清爽又好吃，請一定要試試看。

材料

- 雞蛋 2顆
- 燕麥片（即食燕麥）15g
- 牛番茄 1/2顆（250g）
- 青陽辣椒 1根
- 白花椰菜米 70g
- 番茄糊 1大匙
- 水 2/3杯
- 起司片 1片
- 橄欖油 2/3大匙
- 胡椒粉 少許

Mini's Tip

白花椰菜米是用來取代米的低熱量、低碳水化合物的食材，在國外已廣泛使用在各種料理中。是用與青花椰菜相似的白花椰菜切細製成的產品，形狀、口感都和飯差不多，在不同的料理中可以取代米飯。雖然也可以將普通白花椰菜或青花椰菜搗碎使用，但每次都這麼處理會很麻煩，買好冷凍白花椰菜米備用是很重要的。

1. 番茄、辣椒切成一口大小，取出白花椰菜米備用。

2. 雞蛋打成蛋液，平底鍋中倒入1/3大匙橄欖油，倒入蛋液做成炒蛋。

> 番茄炒越久味道越濃郁。也可以不加水，改成加入無糖豆漿、低脂牛乳或燕麥奶等。

3. 另取一鍋，倒入1/3大匙橄欖油，翻炒番茄、白花椰菜米、辣椒後，再加入炒蛋、燕麥片、番茄糊、水烹煮。

4. 放入起司攪拌到融化，盛入碗中撒上胡椒粉即完成。

雞里肌海帶湯麵 × 早餐 午餐

減重的時候請多使用海帶。海帶富含膳食纖維，有助解便祕。
尤其在湯料理中加入海帶，湯頭會變得很好喝，湯裡的配料也會變豐富。
在海帶、雞里肌肉和高麗菜煮出的湯中加入全麥麵條，
就無需擔心鈉含量，享受一碗熱騰騰的美味湯麵。

材料

- 乾海帶 5g
- 全麥麵條 50g
- 生雞里肌肉 90g
- 高麗菜 100g
- 紫蘇油 1大匙
- 蒜末 1大匙
- 蠔油 1大匙
- 水 2杯

1 乾海帶在冷水中浸泡10分鐘，擠乾水分，切成方便食用的大小。

2 雞里肌肉、高麗菜切成一口大小。

3 鍋中倒入紫蘇油，放入大蒜、雞里肌肉翻炒，再加入高麗菜、蠔油、水充分燉煮。

4 另取一鍋煮滾水，放入全麥麵條，煮3分30秒後撈起，放入篩網，用冷水沖洗。

5 煮好的全麥麵條裝入碗中，舀入海帶湯即完成。

Mini的百歲餐桌 × 早餐 午餐

Mini的百歲餐桌在社群媒體留下
「有一次都沒吃過的人，但沒有只吃過一次的人！」的語錄，人氣爆棚。
雖然只是平凡的拌飯，但納豆、小黃瓜、泡菜、荷包蛋、紫蘇油發揮了加乘效果，
味道100分，健康也是100分，吃了感覺能長壽活到100歲，心情也是100分的一道料理。

材料

- 糙米飯 100g
- 納豆 1盒
- 小黃瓜 1/3根（50g）
- 青陽辣椒 1根
- 大白菜泡菜 45g
- 雞蛋 1顆
- 紫蘇油 1大匙
- 黑芝麻 少許
- 橄欖油 1/3大匙

1　小黃瓜、辣椒切成圓形薄片，泡菜切成粗塊。

2　平底鍋倒入橄欖油，煎一顆荷包蛋。

> 雖然用了泡菜、納豆和紫蘇油調味，如果覺得味道有點淡，也可以再加入一些鱈魚子醬、明太子、醬油等增加鹹味。

3　納豆用筷子攪拌均勻。

4　取一個碗，放入糙米飯、小黃瓜、辣椒、泡菜、納豆，再放上荷包蛋，最後淋上紫蘇油、撒上黑芝麻即完成。

鴨肉水梨沙拉 × 晚餐

以煙燻鴨肉和納豆均勻攝取動、植物性蛋白質，
以清脆的水梨和酸爽的藍莓提味的沙拉。
清爽感和鹹味完美地互相搭配。
也可以加入蘋果或水蜜桃等鮮脆的水果取代水梨，
請試著完成屬於自己的水果組合沙拉吧。

材料

- 煙燻鴨肉 100g
- 水梨 1/5顆（100g）
- 洋蔥 1/8顆（30g）
- 藍莓 18顆（30g）
- 納豆 1盒
- 納豆用醬油 1包（盒內附）
- 胡椒粉 少許
- 全麥餅乾 4片

> 水梨果皮中的抗氧化成分比果肉多，所以請洗乾淨後連皮一起吃。

1 水梨、洋蔥切絲，藍莓以流動的水清洗。

2 煙燻鴨肉澆淋滾水汆燙一下，切成一口大小，納豆用筷子攪拌均勻。

3 取一個碗，放入煙燻鴨肉、水梨、洋蔥、藍莓、納豆、盒裝納豆附的醬油攪拌，盛入盤中並撒上胡椒粉。

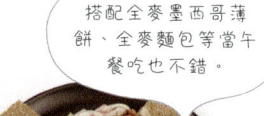

4 搭配全麥餅乾食用。

> 搭配全麥墨西哥薄餅、全麥麵包等當午餐吃也不錯。

燻雞胸肉泡菜蓋飯 × 早餐 午餐

洋蔥是越炒越甜也越有味道的蔬菜,
這道食譜的核心是將洋蔥一直炒到變成香甜褐色。
加入一些泡菜的話,會變成令人驚豔的美味料理。
用煙燻紅椒粉健康地添加煙燻風味會更好,
用簡單的材料就能做出令人滿足的一頓飯。

材料

- 生雞胸肉 120g
- 糙米飯 100g
- 洋蔥 1/3顆（80g）
- 大蔥 10cm（40g）
- 大白菜泡菜 60g
- 煙燻紅椒粉 1/4大匙
- 辣椒粉 1/4大匙
- 橄欖油 1大匙

1. 洋蔥切絲，大蔥、泡菜切碎，生雞胸肉切成一口大小。

2. 平底鍋中倒入橄欖油，放入洋蔥炒到變透明為止。

3. 大蔥、泡菜、雞胸肉放入鍋中翻炒，炒至雞胸肉變熟為止，再放入煙燻紅椒粉、辣椒粉翻炒。

4. 取一個碗盛裝糙米飯，放上泡菜炒雞胸肉即完成。

🍽 蒜薹豬肉炒飯 ✕ 早餐 午餐

在國外曾經著迷於蒜薹（譯註：從大蒜中抽出的花莖）和豬肉做成的熱炒菜，
但狂吃之後因為太鹹只能一直喝水。
回到韓國還是一直想起這個組合，試著做了類似的料理。
為了在減重期間也能吃，使用蠔油將味道調得比較清淡，
並用青陽辣椒粉帶出辣味，做出咀嚼起來很有口感的炒飯，請各位一定要挑戰一下。

材料

- 糙米飯 100g
- 雞蛋 1顆
- 蒜薹 50g
- 洋蔥 1/4顆（50g）
- 胡蘿蔔 1/4根（50g）
- 豬前腿肉 80g
- 蠔油 1/2大匙
- 青陽辣椒粉 1/3大匙
- 橄欖油 1大匙

1 蒜薹切細，洋蔥和胡蘿蔔也切成相似的大小。

2 豬前腿肉切成小塊。

3 熱鍋中加入1/3大匙橄欖油，煎一顆荷包蛋。

4 熱鍋中加入2/3大匙橄欖油，先炒洋蔥後，再放入蒜薹、胡蘿蔔、豬肉，炒到肉熟為止。

5 放入糙米飯、蠔油、青陽辣椒粉，均勻翻炒後裝入盤中，再放上荷包蛋即完成。

Part 3〔異國家常料理〕

水梨土司 × 早餐

梨皮中的膳食纖維和抗氧化成分遠多於果肉。
所以吃水梨時最好是洗淨皮,然後連皮一起吃較佳。
為了不讓食用時感受到梨皮的粗糙,會把水梨切成薄片使用。
在吸附蛋液烤出的濕潤土司放上漂亮的水梨,就完成不亞於咖啡店早午餐的個人專屬早餐。

材料

- ☐ 全麥土司 1片
- ☐ 水梨 1/5顆（100g）
- ☐ 雞蛋 1顆
- ☐ 豆漿 3大匙
- ☐ 起司片 1片
- ☐ 杏仁切片 5g
- ☐ 肉桂粉 少許
- ☐ 椰子油 1/2大匙

1 碗中打入雞蛋、加入豆漿，攪散成蛋液後，放入土司使前後兩面均吸附蛋液。

2 水梨連皮切成薄片。

> 連皮一起食用對健康才有益的水梨或奇異果，請先放進加了醋或烘焙用小蘇打粉的水中浸泡一下，再洗淨使用。

3 熱鍋中倒入椰子油，放入土司，煎至兩面變成金黃色，放上盤子。

4 烤好的土司放上起司片，再放上水梨，並以杏仁切片、肉桂粉做裝飾即可享用。

PART 4

到下午
都不會餓的

便當

減重期間如果買午飯吃，
很容易不小心暴飲暴食或選擇讓人發胖的食物。
而且吃完後長時間坐著會消化不良，還傷荷包。
我都會帶便當到公司，既省錢又容易消化，
也有了自己用餐的時間，從各方面來說都很好。
我也根據當時的經驗，開發出既容易做又方便吃，
包裝好也不會滲漏的食物，
除了韓式，還有三明治、蛋料理、融合創意料理等吃不膩的菜色。
用蛋白質和碳水化合物、
適當的脂肪和膳食纖維來製作營養又有飽足感的豐盛便當，
一起來試試看吧。

四角海苔飯捲 × 早餐 午餐 點心 （分2次食用）

如果覺得捲成圓形的海苔飯捲很難，可以嘗試做四角海苔飯捲。
在海苔上放上起司，按照起司的方形，把材料整整齊齊地堆起來。
用海苔包起來，再像包三明治一樣包妥，
味道好吃、連切好的斷面也漂亮的三明治型海苔飯捲就完成了。
請品嘗這款正中大家喜好的食材搭配吧。

材料

- [ ] 飯捲用海苔 2片
- [ ] 雜糧飯 170g
- [ ] 雞蛋 2顆
- [ ] 墨西哥辣椒 6根
- [ ] 生菜 7片
- [ ] 紅椒 1/4顆（35g）
- [ ] 起司片 1片
- [ ] 鯷魚小魚乾 20g
- [ ] 夏威夷豆 14顆（1/2把）
- [ ] 黑芝麻 1/4大匙
- [ ] 蜂蜜 1/2大匙
- [ ] 橄欖油 2/3大匙

1 生菜瀝乾水分，紅椒切成四方形。

2 熱鍋中加入1/3大匙橄欖油，加入小魚乾、夏威夷豆、黑芝麻、蜂蜜炒製成炒鯷魚。

3 平底鍋中倒入1/3大匙橄欖油，煎荷包蛋。

4 取一張海苔放在保鮮膜上，放上起司，混合雜糧飯和炒鯷魚後再放上。

5 以墨西哥辣椒→荷包蛋→紅椒→生菜的順序堆疊放上，把海苔從四邊往內折起，包成四角形。

6 以6：4的比例切成2等份，可以當午餐、早餐或點心吃。

蟹味棒山葵豆皮壽司 × 早餐 午餐

最適合當作便當的豆皮壽司很好吃,容易在吃下幾個的瞬間就過度攝取碳水化合物。
Mini牌減重豆皮壽司的重點是調節飯量。
只放入拇指大小份量的飯,再放上嗆辣到鼻子深處的低熱量山葵蟹味棒。
一入口,美味和幸福瞬間在嘴裡爆開。

材料

- ☐ 糙米飯 70g
- ☐ 蟹味棒 3根
- ☐ 油豆腐皮 5片
- ☐ 小黃瓜 1/3根（45g）
- ☐ 洋蔥 1/6顆（45g）
- ☐ 植物性美乃滋 1大匙
- ☐ 山葵 1/3大匙
- ☐ 黑芝麻 少許

1 油豆腐皮用開水燙過，用力擠出水分。

2 小黃瓜、洋蔥切絲，蟹味棒連著塑膠膜一起搓揉後再撕成細絲。

3 小黃瓜、洋蔥、蟹味棒、美乃滋、山葵攪拌均勻。

4 糙米飯捏成拇指大小的圓團狀。

5 油豆腐皮中放入糙米飯團，填入拌好的山葵蟹味棒，撒上黑芝麻即完成。

> 用豆腐、即食雞胸肉等代替飯也不錯。

Part 4〔便當〕 141

生菜包肉飯捲 × 午餐

對於熱愛海苔飯捲和肉的減重者來說，這道菜會是最棒的料理。
海苔飯捲和肉一起吃，怎麼可能會不好吃呢。
包飯不是所有地方都方便食用，但只要用海苔捲起來，
不管人在哪裡都能輕鬆一口吃下，享受新鮮的葉菜。
並用酸甜醃蘿蔔片和甜辣的是拉差辣椒醬提味。

材料

- 糙米飯 70g
- 飯捲專用海苔 1片
- 生菜 7片
- 醃蘿蔔片 3片
- 青陽辣椒 2根
- 豬頸肉（切成薄片）100g
- 起司片 1片
- 是拉差香甜辣椒醬 1大匙
- 紫蘇油 1/3大匙

1. 生菜、醃蘿蔔瀝乾水分，辣椒去蒂，起司分成3等份。

2. 乾鍋中放入豬頸肉煎烤，撈起放到廚房紙巾上，吸除油脂。

> 糙米飯先放涼散去水蒸氣再捲，海苔才不會皺起來。也可以戴上衛生手套，用雙手鋪開飯。

3. 在海苔下方相當於70%面積處的位置，橫放上3等份的起司，剩下的位置用飯勺密密鋪上糙米飯。

4. 在飯上按照生菜5片→醃蘿蔔片→豬頸肉→青陽辣椒的順序放上，淋上是拉差香甜辣椒醬。

> 捲起海苔飯捲，讓海苔的末端部分被壓在最底下，暫時放置一下。飯捲會因為內部餡料的水分，而能好好黏住固定。

> 請參考第25頁海苔飯捲的捲法。

5. 蓋上2片生菜，把海苔飯捲扎實捲起。

6. 在海苔飯捲上方和刀上塗抹紫蘇油，切成方便食用的大小。

🍴 墨西哥捲餅 × 早餐 午餐 點心（分2次食用）

墨西哥捲餅一隻手拿著吃很方便，也能和蔬菜等各種食材完美融合，作為減重便當正適合。
如果覺得餅皮很難捲起，可以使用大張一點的餅皮，
或是使用兩張小的餅皮，部分重疊在一起用，
這樣就可以捲出我們想要的手臂粗的厚厚捲餅。

材料

- 墨西哥薄餅 1張
- 雞蛋 2顆
- 蟹味棒 3根
- 芝麻葉 8片
- 胡蘿蔔 1/3根（70g）
- 洋蔥 1/5顆（50g）
- 青陽辣椒 2根
- 醃蘿蔔片 2片
- 起司片 1片
- 黃芥末 1大匙
- 橄欖油 1/3大匙

1 芝麻葉瀝乾水分，胡蘿蔔、洋蔥切絲，辣椒去蒂。

2 雞蛋打成蛋液，蟹味棒連著塑膠膜一起搓揉後再撕成細絲。

如果烤太久餅皮會變得硬硬的容易碎掉，所以稍微烤一下即可。

3 平底鍋中倒入橄欖油，用廚房紙巾輕輕擦拭，倒入蛋液煎成蛋皮，取出放涼備用。

4 蟹味棒、洋蔥、胡蘿蔔、黃芥末均勻混合，製成蟹味棒風味沙拉。

5 乾鍋中放入墨西哥薄餅乾烤。

如果包得太鬆，可以用保鮮膜再次包裝得牢固一點。

請參考第23頁的墨西哥捲餅包法。

6 鋪一層神奇密封保鮮膜，按照蛋皮→芝麻葉4片→醃蘿蔔片→起司→蟹味棒風味沙拉→辣椒→芝麻葉2張的順序堆疊後，像捲海苔飯捲一樣捲起來。

7 再用一張保鮮膜包裝一次，用湯匙將兩側突出的食材往內按壓，使食材不掉出來。包的時候由下往上拉緊保鮮膜，用力包好。

8 以6：4的比例分成2等份，可作為午餐和點心，或早餐和點心食用。

Part 4〔便當〕 145

優格杯 × 早餐 點心

想把平常早上愛吃的優格碗做成可以攜帶的便當，因此設計了這道食譜。
在由兩個上下相扣的碗組成的兩用容器中，
一杯單獨裝上稀的優格，另一杯裝進什錦果乾燕麥、水果等配料。
在沒時間吃飯的忙碌早晨或注意力不集中的下午，
就能享受不濕軟、像新鮮現做般的優格杯了。

材料

- ☐ 無糖優格 100ml
- ☐ 什錦果乾燕麥 40g
- ☐ 藍莓 27顆（50g）
- ☐ 奇異果 1/2顆
- ☐ 可可碎豆 1/2大匙
- ☐ 杏仁 12顆

> 奇異果皮富含膳食纖維、葉酸、維生素。洗淨切成薄片食用口感很好。

1 藍莓瀝乾水分，奇異果連皮切成易食用的大小。

2 按照什錦果乾燕麥、奇異果、可可碎豆、藍莓、杏仁的順序裝入容器中。

∑ Mini's Tip ∑

我使用的是由兩個容器組成一體的2way樂活杯，也可以使用大小相似的容器或環保塑膠密封容器。如果擔心密封問題，可以考慮以較固態濃稠的希臘優格，代替較液態的無糖優格。

> 我用的是上下兩層分離的2way樂活杯。

3 在另一個密封容器裝入優格，使用之前準備好的配料加入優格即可。

Part 4〔便當〕

芝麻葉越南春捲 × 午餐

因為能吃到很多蔬菜而在減重外食排名第一的越南春捲，現在可以做成便當享受了。
填滿蔬菜和煙燻鴨肉的越南春捲，請用芝麻葉包起來再放入便當盒。
這樣米紙之間不會黏在一起，可以一口吃下很方便，還可以享受到低熱量花生醬料的香氣。

📝 材料

- 糙米越南春捲皮 6張
- 煙燻鴨肉 110g
- 芝麻葉 6片
- 奇異果 1顆
- 紅椒 1/4顆（30g）
- 黃椒 1/4顆（30g）
- 小黃瓜 1/5條（30g）
- 青陽辣椒 1根

花生醬料

- 花生醬 1大匙
- 植物性美乃滋 1/2大匙
- 黃芥末 1/2大匙
- 檸檬汁 1大匙

> 奇異果皮富含膳食纖維、維他命和葉酸，口感也很棒。

1 芝麻葉瀝乾水分。

2 奇異果連皮切成圓型薄片，紅黃椒、小黃瓜切絲，辣椒斜切片。

3 鴨肉用滾水稍微燙過。

4 均勻混合花生醬料的材料。

5 越南春捲皮泡入溫水後馬上取出攤開，放上煙燻鴨肉、奇異果、紅黃椒、小黃瓜、辣椒等後捲起來。

6 用芝麻葉包起越南春捲，讓春捲之間不互相沾黏，放入容器中。

Part 4〔便當〕 149

半邊三明治 × 早餐 午餐

#只有半邊的三明治

用兩片土司做成的飽滿三明治，稍有不慎碳水化合物就會過量，
所以每次只能吃半邊，要分成兩次食用。
但是有時會不知不覺一下子整份吃光，
所以這時就需要只有一邊有土司，放上滿滿蔬菜做成的半邊三明治。
吃完一整個三明治也不會有罪惡感，飽足感up，體重down！是很棒的品項對吧？

材料

- 全麥土司 1 片
- 即食雞胸肉 80g
- 生菜 8 片
- 奇異果 1 顆
- 紅椒 1/2 顆（50g）
- 洋蔥 1/5 顆（30g）
- 雞蛋 1 顆
- 起司片 1 片
- 芥末籽醬 1/2 大匙
- 橄欖油 1/3 大匙

1. 生菜瀝乾水分，奇異果洗淨。

2. 紅椒切成薄片，奇異果連皮切成圓片，洋蔥切成細絲。

3. 乾鍋中放入土司，煎烤至兩面金黃。

4. 平底鍋中倒入橄欖油，煎一顆荷包蛋。

5. 雞胸肉按照紋理撕開，在土司一面塗上薄薄一層芥末籽醬。

6. 鋪上神奇密封保鮮膜，按照土司→起司→洋蔥→紅椒→雞胸肉→奇異果→荷包蛋→生菜的順序依次堆疊。

7. 以保鮮膜包裝好後分成 2 等份。

請參考第 21 頁的三明治包裝方法。

Part 4〔便當〕　151

炒白花椰菜杯 × 早餐 晚餐

用雞里肌肉、雞蛋和豆渣均衡地補充動、植物性蛋白質，
以白花椰菜米代替飯，減少碳水化合物的炒飯，不就是減重者想要的食譜嗎？
比起扁平的容器，更適合用內部較深的杯型容器盛裝，
淋上是拉差香甜辣椒醬，就可以在辦公室或桌上簡單享用。

材料

- ☐ 生雞里肌肉 80g
- ☐ 雞蛋 1顆
- ☐ 豆渣 60g
- ☐ 冷凍綜合蔬菜 80g
- ☐ 白花椰菜米 80g
- ☐ 披薩起司 20g
- ☐ 是拉差香甜辣椒醬 1大匙
- ☐ 橄欖油 2/3大匙

1 雞里肌肉切成小塊，雞蛋打成蛋液。

2 熱鍋中加入1/3大匙橄欖油，倒入蛋液做成炒蛋，盛出備用。

3 在同一個鍋中倒入1/3大匙橄欖油，放入冷凍綜合蔬菜、雞里肌肉、白花椰菜米，炒至雞肉熟後，再放入豆渣、起司，輕輕翻炒。

4 放入炒蛋，翻炒混勻所有材料。

5 盛入容器中，淋上是拉差辣椒醬。

> 若沒有是拉差香甜辣椒醬，也可以用鹽和胡椒粉調味。

豆腐泡菜墨西哥捲餅 × 早餐 午餐 點心

（可分2次食用）

這是用韓國人喜愛的豆腐和泡菜一起做出的墨西哥捲餅（Burrito）。
減重期間要減少鈉的攝取量，所以少放點泡菜，並加入青陽辣椒、洋蔥、青花椰菜和菇類，
製作出味道鮮美的低鹽泡菜炒蔬菜。
在墨西哥餅皮放上蛋皮、烤豆腐、炒泡菜，捲成一捲，就完成充滿營養的一餐。

材料

- 墨西哥薄餅 1張
- 豆腐 2/3盒（200g）
- 雞蛋 2顆
- 青花椰菜 60g
- 杏鮑菇 1根
- 洋蔥 1/4顆（50g）
- 青陽辣椒 1根
- 大白菜泡菜 70g
- 飯捲用海苔 1片
- 橄欖油 2/3大匙

1 青花椰菜、杏鮑菇切成一口大小，洋蔥切絲，辣椒、泡菜切碎。

2 雞蛋打成蛋液，豆腐切成條狀。

3 熱鍋中加入1/3大匙橄欖油，用廚房紙巾輕輕擦拭，倒入蛋液煎成蛋皮，取出放涼備用。

4 熱鍋中加入1/3大匙橄欖油，翻炒辣椒、洋蔥後，放入泡菜、青花椰菜、杏鮑菇，做成泡菜炒蔬菜。

5 用乾鍋分別煎烤一下豆腐和墨西哥薄餅。

請參考第23頁的墨西哥捲餅包法。

6 鋪上神奇密封保鮮膜，按照墨西哥薄餅皮→蛋皮→豆腐→泡菜炒蔬菜的順序堆疊，最後蓋上海苔，捲起做成捲餅。

7 用保鮮膜再包裝一次，兩側保鮮膜也由下往上用力提起貼好。

8 以6：4的比例分為2等份，可作為午餐和零食，或早餐和午餐食用。

小黃瓜三明治 × 早餐 午餐

#美味驚呼三明治

曾在旅行途中吃了英國貴族喜愛的小黃瓜三明治嚇了一跳。
因為只用了土司、奶油乳酪（Cream Cheese）、小黃瓜這三種材料，
卻呈現出單純而高級的味道。
本書在這個食譜中多加了雞胸肉火腿，
並用希臘優格和植物性美乃滋取代奶油乳酪，改良成健康的減重食譜。
請用簡單的三明治一嘗食材的真正味道吧。

材料

- 全麥土司 2片
- 小黃瓜 1根
- 芝麻葉 5片
- 雞胸肉火腿 150g
- 希臘優格 1大匙
- 植物性美乃滋 1大匙
- 巴西利粉 少許

1 小黃瓜斜切薄片，芝麻葉去梗。

2 乾鍋中放入土司，煎烤至兩面金黃。

> 也可以改成薄薄塗上一層低脂奶油乳酪。

3 希臘優格、美乃滋、巴西利粉攪拌均勻，平均地塗抹於兩片土司的其中一面。

4 鋪上神奇密封保鮮膜，按照土司→芝麻葉→小黃瓜→雞胸肉火腿的順序交叉放上，最後蓋上剩下的一片土司。

> 請參考第21頁三明治的包裝法。

5 以保鮮膜包裝三明治，按6：4的比例分成2等份，即可作為早餐和午餐，或午餐和點心食用。

🍴 羽衣甘藍麵捲 × 晚餐 點心

用羽衣甘藍取代墨西哥薄餅或土司做成的捲，
是低碳水化合物和低熱量的食譜，味道卻像高熱量食物。
如果有看我的YouTube vlog「暴肥急減」，
就會迷上這道食譜，連續幾天都沉醉於做這道料理吃。
不愛吃葉菜的蔬菜新手也建議挑戰看看，這是我強力推薦的菜色。

材料

- ☐ 鮪魚罐頭 1個（85g）
- ☐ 輕食麵 1包（150g）
- ☐ 羽衣甘藍（榨汁用）2片
- ☐ 胡蘿蔔 1/2根（65g）
- ☐ 飯捲用海苔 1片
- ☐ 墨西哥辣椒 6～7根
- ☐ 蟹味棒 2根
- ☐ 起司片 1片
- ☐ 植物性美乃滋 1大匙
- ☐ 是拉差香甜辣椒醬 1大匙
- ☐ 橄欖油 1/3大匙

Mini's Tip

植物性美乃滋是由豆類製成，完全無膽固醇，比一般美乃滋或低脂美乃滋熱量低。味道清爽香甜，也較沒有增胖的負擔。

1 切除羽衣甘藍梗部較厚的部分，胡蘿蔔盡可能切成細絲。

2 鮪魚用湯匙壓出油分，輕食麵瀝乾水分。

3 熱鍋中加入橄欖油，迅速翻炒一下胡蘿蔔。

蟹味棒連著塑膠膜一起搓揉後再撕成細絲。

4 混合鮪魚、蟹味棒、麵、美乃滋、是拉差香甜辣椒醬，做成鮪魚麵。

5 鋪上保鮮膜，橫放上兩片羽衣甘藍，使葉片稍微重疊在一起，放上海苔。

6 按照起司→胡蘿蔔→墨西哥辣椒→鮪魚麵的順序疊上食材，將羽衣甘藍兩側往中間摺疊後捲成圓柱形，用保鮮膜包裝。

7 以6：4的比例分成2等份，即可當晚餐和點心吃。

青陽辣椒醃蘿蔔飯捲 ✕ 早餐 午餐

#Mini招牌食譜

一般海苔飯捲放的飯量比想像中還要多，減重時若吃完一整條會很有負擔。
因此Mini開發出在海苔中間放上起司，剩下位置鋪上薄薄一層糙米飯，
減少碳水化合物的Mini牌海苔飯捲。
在減少飯量的同時加入大量蔬菜，一口咬下咀嚼的樂趣和飽足感更加提升。
多虧了這個食譜，Mini有一段時間完全沉迷於海苔飯捲，堪稱我的招牌食譜。

材料

- 糙米飯 60g
- 雞蛋 2顆
- 醃蘿蔔片 5片
- 飯捲用海苔 1片
- 芝麻葉 7片
- 青陽辣椒 2根
- 胡蘿蔔 1/2根（60g）
- 起司片 1片
- 橄欖油 1大匙
- 紫蘇油 1/3大匙

> 切絲的時候用刨絲器會很方便。

1. 芝麻葉瀝乾水分，青陽辣椒去蒂，胡蘿蔔盡可能切成細絲。

2. 雞蛋打成蛋液，醃蘿蔔片瀝乾水分，起司切成3等分。

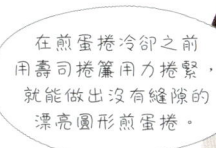

> 在煎蛋捲冷卻之前用壽司捲簾用力捲緊，就能做出沒有縫隙的漂亮圓形煎蛋捲。

3. 熱鍋中加入1/3大匙橄欖油，倒入蛋液後用小火煎成煎蛋捲。

4. 在同一個平底鍋中倒入2/3大匙的橄欖油炒胡蘿蔔。

> 海苔的粗糙面朝上放，較長的邊直著放，就能捲出飽滿的海苔飯捲。也可以戴上衛生手套用手鋪飯。

> 海苔飯捲捲到最後末端時，將最後捲起的地方轉至朝下放。海苔會因為裡面食材的水分而被黏附固定住。

> 請參考第25頁的海苔飯捲捲法。

5. 在海苔下方相當於面積70%處，橫放上切成3等份的起司，剩下的部分用飯勺密密鋪勻糙米飯。

6. 按照芝麻葉5片→醃蘿蔔片→胡蘿蔔絲→辣椒→煎蛋捲→芝麻葉2片的順序放上食材，捲起做成海苔飯捲。

7. 在海苔飯捲上方和刀上塗抹紫蘇油，切成便於食用的大小。

Part 4〔便當〕

胡蘿蔔豆腐三明治 × 早餐 晚餐

（可分2次食用）

在減重期間，如果覺得用兩片土司做成的三明治太負擔，
可以用豆腐取代一片土司試試。
用雞胸肉和豆腐補充蛋白質，加入脆脆的胡蘿蔔和香辣的青陽辣椒，
展現多樣的口感和味道。
請再次感受一下根據材料的不同，味道產生無窮變化的三明治魅力吧。

材料

- 全麥土司 1片
- 豆腐 1/3盒（100g）
- 即食雞胸肉 140g
- 青陽辣椒 3根
- 胡蘿蔔 1/2根（90g）
- 芝麻葉 7片
- 起司片 1片
- 黃芥末 1大匙
- 胡椒粉 少許
- 橄欖油 1/3大匙

1. 青陽辣椒去蒂，胡蘿蔔切絲，芝麻葉瀝乾水分。

2. 平底鍋中倒入橄欖油，炒胡蘿蔔後撒上胡椒粉。

> 比起火鍋用豆腐，使用較硬的、適合拿來煎的豆腐較佳。

3. 雞胸肉按照紋理撕開，豆腐切成土司的厚度，放入乾的平底鍋中，開大火烤乾水分。

4. 乾鍋中放入土司，煎烤至兩面金黃。

> 如果不敢吃辣，就把青陽辣椒從長邊縱切成兩半，少放一點，或者改放青辣椒。請參考第21頁的三明治包裝法。

5. 鋪上神奇密封保鮮膜，按照土司→起司→雞胸肉→辣椒→黃芥末→胡蘿蔔絲→芝麻葉→豆腐的順序堆疊放上，包裝起來。

6. 按6：4的比例分成2等份，即可作為午餐和早餐，或午餐和點心食用。

🍴 全蛋三明治 × 早餐 午餐 （分2次食用）

有著超乎預期的五顏六色漂亮外觀，味道好、飽足感又佳的三明治。
加入事先準備好的鷹嘴豆泥和甜菜根胡蘿蔔絲，減少了料理時間。
酸甜可口不油膩，嘗過這充滿魅力的異國風味，之後也會不斷想吃的魔性食物。

材料

- 全麥土司 2片
- 雞蛋 2顆
- 青陽辣椒 3根
- 鷹嘴豆泥 165g（請參考第208頁）
- 甜菜根胡蘿蔔絲 100g（請參考第212頁）
- 起司片 1片
- 植物性美乃滋 1大匙
- 黃芥末 1大匙
- 醋 1/2大匙
- 鹽 1/2大匙

1 水中加入醋和鹽，再放入雞蛋煮10分鐘以上，取出浸泡於冷水後，剝除蛋殼。

2 水煮蛋切成2等份，青陽辣椒去蒂。

3 鷹嘴豆泥、美乃滋、黃芥末醬攪拌均勻。

4 乾鍋中放入土司，煎烤至兩面金黃。

> 剛烤好的土司互相抵著立起，就不會變軟。

5 鋪上神奇密封保鮮膜，在一片土司上塗抹鷹嘴豆泥後，按順序依次放上：水煮蛋→辣椒→甜菜根胡蘿蔔絲→起司→土司，進行包裝。

> 請參考第21頁的三明治包裝法。

6 按6：4比例分為2等份，即可當早餐和午餐，或午餐和零食吃。

Part 4〔便當〕 165

雞肉地瓜野菜飯捲 × 午餐 晚餐

由雞胸肉、地瓜、蔬菜組合成的海苔飯捲。
用煮過搗成泥的地瓜取代飯,加上香氣佳的芝麻葉和香辣的墨西哥辣椒當配料,
是這道海苔飯捲的核心。
雖然每個食材個別分開吃時都吃膩了,但放入海苔中捲起來,
就會變成既熟悉又令人讚嘆的新組合。

材料

- 地瓜 110g
- 即食雞胸肉 100g
- 飯捲用海苔 1片
- 芝麻葉 8片
- 胡蘿蔔 1/4根（50g）
- 起司片 1片
- 墨西哥辣椒 7根
- 水 1大匙
- 紫蘇油 1/3大匙
- 橄欖油 1/3大匙

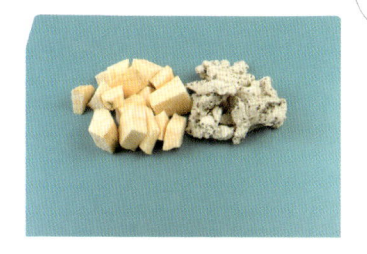

1 地瓜削皮後切成一口大小，雞胸肉切成便於食用的大小。

2 取一耐熱容器放入地瓜、水，蓋上保鮮膜，用筷子戳幾個洞，以微波爐加熱2分鐘，再用叉子搗碎。

> 如果地瓜乾巴巴的，就再加一點水壓碎。

3 芝麻葉去蒂，胡蘿蔔切絲，起司分成3等份。

4 平底鍋中倒入橄欖油，加入胡蘿蔔輕輕翻炒。

5 在海苔下方相當於70%面積處的位置，橫放上3等份的起司，剩下的位置用飯勺均勻細密地鋪上地瓜泥。

> 壓好的地瓜泥等放涼後再放上。

6 按照芝麻葉5片→雞胸肉→墨西哥辣椒→胡蘿蔔→芝麻葉3片的順序堆疊放上，捲成飯捲。

> 請參考第25頁海苔飯捲的捲法。

7 海苔飯捲上方和刀上塗抹紫蘇油，切開飯捲。

PART 5

愛惜自身
並爲環境著想的

蔬食

隨著全球環境問題成爲熱門議題，
爲了環保和身體健康的素食運動也活躍起來。
雖然很難成爲完美的素食者，
但是每週吃兩三次完全用蔬菜做的食物，
不僅身體變得輕盈，也能清光冰箱的剩餘蔬菜。
因此Mini開發出將多種食材和調味料組合在一起，
連討厭蔬菜的人和因減重而疲憊的人都能眼睛一亮的美味食譜。
透過這些美味的料理，會讓人從此也變得愛吃蔬菜，
希望讀者能拋開對素食食譜的偏見，務必要嘗試一下。

海帶豆腐炒麵 × 晚餐

富含膳食纖維的海帶絲、植物性蛋白質食材豆腐麵
（譯註：韓國的豆腐麵多為100%由大豆製成，無添加其他澱粉，
但台灣目前市售的豆腐麵仍有添加其他澱粉，購買前請先詳閱產品成分。），
以及富含維生素的蔬菜！
介紹這道營養豐富又有飽足感的料理給大家。
豐富多彩的材料可以做出多樣的口感及複合的味道，
只要加入紫蘇油炒一下就完成美味料理。
海帶絲已有鹹味，不需再另外調味。

材料

- 海帶絲 70g
- 豆腐麵 50g
- 胡蘿蔔 1/3根（40g）
- 洋蔥 1/5根（30g）
- 黃椒 1/3根（40g）
- 青陽辣椒 1根
- 紫蘇油 1大匙
- 黑芝麻 少許
- 橄欖油 1/2大匙

> 要充分去除海帶的鹽分，才不會過鹹。

1 海帶絲放入水中多次清洗，並浸泡於冷水中5分鐘以上，瀝乾水分。

2 胡蘿蔔、洋蔥、黃椒切絲，青陽辣椒斜切片。

3 平底鍋中倒入橄欖油炒洋蔥、辣椒後，再放入胡蘿蔔、海帶絲、黃椒、豆腐麵繼續翻炒。

4 倒入紫蘇油後快速翻炒，起鍋盛碗，撒上黑芝麻即完成。

豆腐球 × 早餐 午餐 點心 （分2次食用）

外面酥脆，裡面Q彈，口感有趣，所以總是一吃就停不下來的豆腐球。
凍豆腐特有的口感加上香脆杏仁、辣味蔬菜和辛香料，十分清爽可口。
如果沒有氣炸鍋，在平底鍋中壓扁煎著吃也很好吃。

材料

- ☐ 凍豆腐 1盒
- ☐ 洋蔥 1/4顆（70g）
- ☐ 胡蘿蔔 1/5根（50g）
- ☐ 杏仁 20顆
- ☐ 青陽辣椒 1根
- ☐ 芝麻葉 5片
- ☐ 全麥麵粉 3大匙
- ☐ 咖哩粉 1/2大匙
- ☐ 煙燻紅椒粉 1/4大匙
- ☐ 香草調味鹽 1/4大匙
- ☐ 噴霧式橄欖油 少許

∑ Mini's Tip ∑

整盒豆腐連盒直接放入冷凍。自然解凍或以微波爐解凍後，一定要先擠乾水分再使用。豆腐冷凍後再擠出水分，口感會變得十分Q彈有嚼勁。

1. 洋蔥、胡蘿蔔、杏仁、青陽辣椒放入食物調理機打細後，放入芝麻葉再次打細。

2. 凍豆腐解凍後用力擠乾水分，搗碎。

3. 混合打細的蔬菜、豆腐、全麥麵粉、咖哩粉、煙燻紅椒粉、香草調味鹽，做成麵團。

4. 麵團捏成小顆圓球狀，放入氣炸鍋中，噴上噴霧式橄欖油，以180°C加熱10分鐘，翻面再加熱10分鐘。

> 熱鍋中加入橄欖油，麵團做成扁平圓餅狀，兩面煎至金黃色即可。

涼拌白菜拼盤 × 早餐 午餐

大白菜的水分多，膳食纖維豐富，很適合減重時多吃。
另外，大白菜的維生素C即使加熱耗損率也很低，
稍微燙一下和紫蘇籽粉拌在一起，就能同時滿足營養和味道。
對了，涼拌白菜在燙過之後馬上拌來吃最好吃。

材料

- ☐ 大白菜 140g
- ☐ 青陽辣椒 1根
- ☐ 小番茄 8顆
- ☐ 糙米飯 100g
- ☐ 豆腐 1/3盒（100g）
- ☐ 海苔 2片
- ☐ 黑芝麻 少許
- ☐ 韓式大醬 1/2大匙
- ☐ 蒜末 1/3大匙
- ☐ 紫蘇籽粉 1大匙
- ☐ 紫蘇油 1大匙

1 大白菜切除根部後切成小塊，辣椒切成薄片。

2 大白菜用滾水燙一下，擠乾水分，按照紋理切成長條狀。

3 取一個碗放入大白菜、韓式大醬、蒜末、紫蘇油，攪拌做成醬拌白菜。

4 豆腐用水清洗過，切成便於食用的大小，海苔切成6等份。

（如果想吃熱豆腐，則先用滾水燙一下再切。）

5 取另一個容器，放入醬拌白菜、糙米飯、豆腐、海苔、辣椒、小番茄，飯上面撒上黑芝麻即完成。

（飯捏成飯團般的圓球狀，擺盤比較漂亮。）

韓式大醬奶油義大利麵 × 早餐 午餐

韓式大醬奶油光是名字聽起來就很不搭對吧？
但韓國大醬和很多食物都是非常搭配的。
即使沒有調味料，也能提升鮮美風味，適當地添加鹹度。
大醬和豆漿、蔥和青陽辣椒融入一盤的創意混搭大醬奶油義大利麵，
請和水波蛋或納豆等一起享用。

材料

- 全麥義大利麵 30g（寬扁麵〔Tagliatelle〕）
- 青花椰菜 90g
- 大蔥 19cm（70g）
- 青陽辣椒 1根
- 燕麥奶 2/3杯（或無糖豆漿）
- 低鹽韓式大醬 1/2大匙（或一般韓式大醬 1/3大匙）
- 橄欖油 1/2大匙
- 鹽 少許

1 青花椰菜切成一口大小，大蔥、青陽辣椒切碎。

2 滾水中加鹽，放入義大利麵煮5分鐘後撈出。

> 義大利麵比包裝袋上建議的烹調時間多煮1～2分鐘。

3 熱鍋中加入橄欖油，炒大蔥、辣椒，待飄出蔥香味時放入青花椰菜翻炒。

4 加入燕麥牛奶和義大利麵，用中火收乾。

5 加入大醬融開，微微煮滾時起鍋盛裝入碗中。

> 很合適搭配水波蛋、納豆一起吃。

Part 5〔蔬食〕 177

扁豆洋蔥奶油咖哩 × 早餐 午餐

（可分2次食用）

扁豆在豆類中也是植物性蛋白質含量很高的一種，
對減重者來說是像禮物般的食材。
在異國風味的咖哩中加入扁豆，重現曾在咖哩專賣店品嘗過的人生咖哩。
加入充分炒至褐色的洋蔥、帶來味道亮點的花生醬，
以及風味深邃的孜然粉和豆漿，完成這道軟嫩有奶香的咖哩飯吧。

材料

- 扁豆 1杯
- 洋蔥 1顆
- 青蔥 13cm（10g）
- 糙米飯 100g
- 無糖豆漿 1杯（190ml）
- 花生醬 1大匙
- 咖哩粉 1.5大匙
- 孜然粉 1/2大匙
- 椰子油 1大匙

1 扁豆清洗後放入熱水中浸泡30分鐘，瀝乾水分。

2 洋蔥切成一口大小，青蔥切細。

3 鍋中加入椰子油、洋蔥，用中火炒至金黃。

4 果汁機中放入洋蔥、豆漿、花生醬攪打。

> 使用的花生醬是以100%花生製作的「SuperNuts Peanut Butter」。

5 鍋中放入果汁機磨好的材料、扁豆、咖哩粉、孜然粉，邊攪拌邊煮沸，使其不燒焦沾黏。

6 取一個盤子裝飯，淋上扁豆咖哩，撒上青蔥即完成。

> 可以搭配蛋、蝦子等一起享用。

Part 5〔蔬食〕 179

納豆醋拌海帶蓋飯 ✕ 早餐 午餐

減重過程中最令人疲憊的就是便祕，
而納豆醋拌海帶蓋飯是吃完就能解決便祕的料理。
用納豆補充植物性蛋白質和膳食纖維，並為了腸道健康配上涼拌海帶。
滿足地飽餐一頓，酸甜的味道也讓人心情變好。

材料

- 納豆 1盒
- 乾海帶 8g
- 洋蔥 1/5顆（30g）
- 小黃瓜 1/4根（50g）
- 雜糧飯 100g
- 醋 1大匙
- 納豆用醬油 1包（盒內附）
- 紫蘇油 1大匙
- 黑芝麻 少許

1 乾海帶於冷水中浸泡10分鐘泡開後，用力擠乾水分，切成便於食用的大小。

2 洋蔥、小黃瓜切絲，納豆用筷子攪拌均勻。

> 醋拌海帶事先做好大量備用，之後要做成常備菜時就更方便了。

> 減少飯量搭配一些豆腐，或者用豆腐取代飯來當晚餐吃也不錯。

3 碗中放入海帶、洋蔥、小黃瓜、醋、納豆盒內附的醬油包，拌勻做成醋拌海帶。

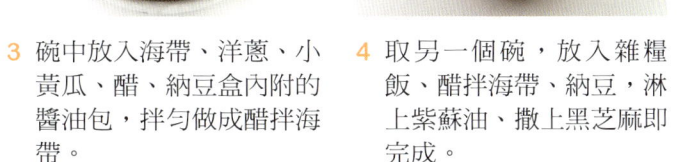

4 取另一個碗，放入雜糧飯、醋拌海帶、納豆，淋上紫蘇油、撒上黑芝麻即完成。

豆渣香菇粥 × 早餐

消化不良、胃寒、想吃軟嫩食物的時候，就會想起粥。
所以在減重期間試著用豆渣和燕麥片代替米飯來煮粥，
結果誕生出更加軟嫩、有飽足感的料理。
在蘿蔔、蔥、菇類煮成的爽口高湯中，加入增添香氣的紫蘇籽粉，
用美味的韓式料理充實地開始一天吧。

材料

- 豆渣 70g
- 燕麥片（即食燕麥）25g
- 白蘿蔔 150g
- 大蔥 15cm（40g）
- 秀珍菇 1/2盒（70g）
- 紫蘇籽粉 2大匙
- 鹽 少許
- 胡椒粉 少許
- 水 1.5杯

> 白蘿蔔切成薄片會熟得更快，但為了保留口感，因此切成小口塊狀。

1 白蘿蔔切成小塊的一口大小，蔥切碎，秀珍菇去除根部，用手撕開。

2 鍋中放入蘿蔔、大蔥、秀珍菇、水，用大火充分燉煮至蘿蔔呈半透明。

3 加入豆渣、燕麥片，邊煮邊攪拌使粥不焦掉。

4 加入紫蘇籽粉、鹽、胡椒粉調味即完成。

低鹽豆腐羽衣甘藍捲 ✕ 早餐 午餐

用韓式大醬、凍豆腐和辣味蔬菜提高蛋白質含量,並製作少鈉的減重用包飯醬料。
在羽衣甘藍放上軟硬適中的糙米飯、香噴噴的包飯醬料,
還有脆脆的杏仁,包起來做成菜捲,很適合帶便當。
羽衣甘藍先在水中稍微燙過再使用,口感會更好。

材料

- 凍豆腐 1/2盒（75g）
- 羽衣甘藍 14片
- 青蔥 15cm（15g）
- 青陽辣椒 2根
- 糙米飯 100g
- 杏仁 7顆
- 韓式大醬 1/2大匙
- 紫蘇油 1大匙

1 凍豆腐解凍後用力擠出水分，搗碎。

2 青蔥、青陽辣椒切成碎末。

> 用南瓜葉代替羽衣甘藍也很不錯。

3 羽衣甘藍用滾水稍微燙一下，擠乾水分。

4 碗中加入豆腐、青蔥、辣椒、韓式大醬、紫蘇油混勻，製成低鹽豆腐大醬。

5 取2片羽衣甘藍輕輕攤開，放上糙米飯、低鹽大醬和1顆杏仁，捲起包好。

番茄天貝義大利麵 × 晚餐

天貝，是個比較陌生的食材對吧？
天貝是由黃豆發酵製成的印尼代表食物之一，每100克就含有19克蛋白質的高蛋白食品。
天貝和韓國的清麴醬或日本的納豆一樣有著發酵豆類特有的氣味，
但味道並不濃，口感柔和，吃起來就像起司一樣。
因為是高蛋白低碳水化合物料理，當晚餐也毫無負擔的番茄天貝利大利麵，
就用這道美食入門天貝的魅力吧。

材料

- ☐ 輕食麵 1/2 包（75g）
- ☐ 天貝 100g
- ☐ 洋蔥 1/4 顆（50g）
- ☐ 大白菜泡菜 35g
- ☐ 牛番茄 1/4 顆（50g）
- ☐ 黑橄欖 2 顆
- ☐ 納豆 1 盒（選擇性食材）
- ☐ 番茄糊 1.5 大匙
- ☐ 巴西利粉 少許
- ☐ 橄欖油 1/2 大匙

∑ Mini's Tip ∑

在世界各國的豆類發酵食品中，韓國有清麴醬，日本有納豆，印尼有天貝。天貝雖是發酵食品，氣味並不像清麴醬或納豆那般強烈，且蛋白質含量非常高，是備受全球矚目的高蛋白營養食品。我主要在網路上購買由韓國產的黃豆製成的冷凍天貝使用。先備妥放置冷凍，可以用於烤、炒、炸，或者直接吃、做成沙拉、義大利麵、湯、三明治、海苔飯捲等多種料理上。

> 使用一般蒟蒻麵時，請先用滾水燙過除去異味。

1. 輕食麵以篩網瀝乾水分。

2. 洋蔥、泡菜切碎，番茄、天貝切成一口大小，橄欖切成圓片。

3. 熱鍋中加入橄欖油，翻炒洋蔥、泡菜後，放入番茄、天貝炒至金黃。

4. 加入麵、橄欖、番茄糊，輕輕翻炒。

5. 盛入碗中，撒上巴西利粉，納豆攪拌均勻後放上即完成。

紫蘇豆腐奶油燉飯 × 早餐 午餐

營養酵母是素食者用來代替起司而聞名的酵母。
加入食物中代替起司，可增添滋味並補充素食中不足的維生素B。
另外還含有蛋白質，可以少量地用於任何料理。
用營養酵母和和紫蘇籽粉做一道扎實又香氣撲鼻的紫蘇豆腐奶油燉飯吧。

材料

- ☐ 雜糧飯 100g
- ☐ 嫩豆腐 100g
- ☐ 燕麥奶 2/3杯（或無糖豆漿）
- ☐ 洋蔥 1/4顆（50g）
- ☐ 杏鮑菇 1根
- ☐ 青陽辣椒 1根
- ☐ 芝麻葉 6片
- ☐ 紫蘇籽粉 1/2大匙
- ☐ 營養酵母 1大匙（或紫蘇籽粉 1/2大匙）
- ☐ 胡椒粉 少許
- ☐ 椰子油 1/2大匙

1. 洋蔥、杏鮑菇切成粗塊，辣椒、芝麻葉切碎。

2. 熱鍋中加入椰子油，翻炒洋蔥、辣椒後，放入杏鮑菇繼續炒。

> 如果沒有營養酵母，就再放1/2大匙的紫蘇籽粉。可根據個人喜好多加一點點鹽。請留一些芝麻葉做裝飾用。

3. 加入燕麥奶、嫩豆腐、雜糧飯，煮沸收汁後加入紫蘇籽粉、營養酵母、芝麻葉，均勻混合。

4. 盛入碗中撒上胡椒粉，放上芝麻葉裝飾後即完成。

杏仁豆漿湯麵 × 午餐

想吃香噴噴的豆漿麵時，就用無糖豆漿、杏仁、豆腐研磨製成濃濃的豆漿湯底，
只要把全部食材放入果汁機打勻就好，很簡單吧？
因為加入杏仁，有著堅果的香氣，磨細的豆腐也帶來濃厚的滋味，非常好吃。
讓我們再健康一點，配上全麥麵條，涼爽地吃一次試試吧。

材料

- 全麥麵條 50g
- 小黃瓜 1/5根（30g）
- 小番茄 3顆
- 杏仁 20顆
- 無糖豆漿 1杯（190ml）
- 豆腐 1/2盒（150g）
- 鹽 1/4大匙
- 黑芝麻 少許

1 小黃瓜切絲，小番茄對切。

2 果汁機中放入15顆杏仁、豆漿、豆腐、鹽，攪打均勻做成豆漿湯底。

> 麵條要在冷水快速晃動清洗多次，才會Q彈好吃。

> 用蒟蒻麵代替全麥麵條，就可以當一頓簡單的晚餐。蒟蒻麵先用滾水燙過，去除特有氣味。

3 麵條放入滾水中煮好，用冷水洗淨，再以篩網瀝乾水分。

4 取一個碗裝入麵條，倒入豆漿，放上小黃瓜、小番茄、黑芝麻、杏仁5顆作裝飾即可享用。

Part 5〔蔬食〕

韓式大醬豆腐拌飯 × 早餐 午餐

用香氣絕妙的堅果類之王夏威夷豆和韓國大醬，製作健康又香氣四溢的夏威夷豆大醬醬料。
在雜糧飯放上各種蔬菜和鷹嘴豆、豆腐等配料，再拌入大醬醬料，
為味道帶來畫龍點睛的作用。
盛滿一大湯匙一口吃下，就會因這股熟悉和想念的味道而幸福滿溢。
剩下的醬料請用來作為沙拉醬使用。

材料

- 雜糧飯 100g
- 洋蔥 1/5顆（40g）
- 豆腐 1/4盒（75g）
- 青陽辣椒 1根
- 大白菜泡菜 40g
- 煮熟鷹嘴豆 50g
  （或鷹嘴豆罐頭）

夏威夷豆大醬醬料
（可分3次食用）

- 夏威夷豆 26顆
- 豆腐 1/3盒（100g）
- 黑芝麻 1/2大匙
- 韓式大醬 1/2大匙
- 橄欖油 1大匙
- 檸檬汁 1大匙
- 無糖豆漿 3大匙

> 剩下的醬料可以作為沙拉醬。

1 果汁機放入醬料的所有材料，攪打均勻製成夏威夷豆大醬醬料。

2 洋蔥切成薄絲，豆腐切成小塊的一口大小，辣椒、泡菜切碎。

3 取一個容器放入雜糧飯，洋蔥、辣椒、泡菜、豆腐、鷹嘴豆圍成一圈放上，再舀上醬料即完成。

Part 5〔蔬食〕 193

山藥納豆蓋飯 × 早餐

喜歡吃納豆、想吃得健康的人,推薦山藥納豆蓋飯給你。
山藥中含有的黏液質(mucin)成分有益腸胃,還富含膳食纖維,對減重和解便祕也很有效。
納豆中也富含蛋白質和鈣。
用洋蔥和紫蘇油去除油膩感,人人都可以毫無負擔地吃。

材料

- 山藥 100g
- 納豆 1盒
- 糙米飯 100g
- 青蔥 15cm（15g）
- 洋蔥 1/5顆（30g）
- 納豆用醬油 少許（盒內附）
- 紫蘇油 1大匙
- 黑芝麻 少許

1. 山藥去皮切成粗塊，青蔥切末，洋蔥切絲。

2. 納豆用筷子攪拌，碗裡盛裝糙米飯。

3. 飯上鋪上洋蔥，淋上納豆盒內附的醬油、紫蘇油，再放上納豆、青蔥、黑芝麻即完成。

咖哩風味蔬菜麵 × 晚餐

如果想吃一頓輕食晚餐，推薦這道咖哩風味蔬菜麵。
用櫛瓜和金針菇代替麵粉或米做成的麵條，是道低碳水化合物的蔬食料理。
可以吃到各種蔬菜的膳食纖維和鷹嘴豆的蛋白質，營養豐富，
提味的辛香料喚醒了因減重而疲軟不振的食欲。

材料

- ☐ 櫛瓜 1/5根（100g）
- ☐ 胡蘿蔔 1/5根（30g）
- ☐ 洋蔥 1/5顆（50g）
- ☐ 金針菇 60g
- ☐ 煮熟鷹嘴豆 50g（或鷹嘴豆罐頭）
- ☐ 咖哩粉 1/3大匙
- ☐ 羅勒粉 少許
- ☐ 大蒜粉 少許
- ☐ 營養酵母 1大匙
- ☐ 椰子油 1大匙

1. 櫛瓜用蔬果切片器切成像麵條一樣長。

2. 胡蘿蔔、洋蔥切成長條細絲，金針菇去除根部，一根一根撕開。

3. 熱鍋中加入椰子油，炒洋蔥、胡蘿蔔後，放入櫛瓜麵、金針菇、鷹嘴豆繼續炒。

4. 加入咖哩粉、羅勒粉、大蒜粉、營養酵母翻炒。

> 大蒜粉（蒜片）是將乾燥大蒜切成小塊的產品，也可以用蒜末來代替。

∑ Mini's Tip ∑

蔬果切片器是可以將櫛瓜、胡蘿蔔、馬鈴薯等蔬菜削成如麵條般長條狀的工具。搜尋「Spiralizer」就會看到各品牌的產品。用它將蔬果切成長條，比菜刀或刀子更能切出如市售麵一樣厚度平均的長條狀，讓蔬菜麵吃起來更美味。只要轉動手把蔬菜麵就做好了，可以減少刀工的疲累，非常方便。

PART 6

做一次料理
就能輕鬆一整週的

常備菜

一直以來，Mini的常備菜食譜備受讚揚推崇。
一次烹調大量，再分成小份保存，
既省錢又方便，體重也直線下降，因此受到許多人的喜愛。
煮完一次可以分成五次以上食用，處理食材需要一些時間，
但只要把做好的食物加熱就能吃，覺得麻煩或肚子餓時，
可以輕鬆擊退外食的誘惑。
有粥、飯、沙拉、肉類料理、配飯吃的小菜等，
每週都用不同的美味料理減重吧。

減重版炸雞飯 × 早餐 午餐 （分5次食用）

用「鹹甜鹹甜」的魔法不斷引誘人去吃的俗世美食，炸雞飯（洋釀炸雞＆飯）。
在嘴饞想吃炸雞飯的日子別再忍耐，試著挑戰這道食譜吧。
以炒過後味道和營養都變好的番茄和番茄糊做為味道的基底，
用辣椒粉增添香辣感，再加上甜蜜的椰棗糖漿。
看似刺激卻不刺激的洋釀風味，可滿足大家對炸雞飯的欲望。

材料

- ☐ 牛番茄 2顆
- ☐ 青陽辣椒 3根
- ☐ 即食雞胸肉 420g
- ☐ 迷你杏鮑菇 150g
- ☐ 糙米飯 450g
- ☐ 番茄糊 3大匙
- ☐ 辣椒粉 1大匙
- ☐ 椰棗糖漿 2大匙（或蜂蜜、阿洛酮糖、寡醣）
- ☐ 橄欖油 1大匙

1 番茄切成小塊的一口大小，辣椒切碎，雞胸肉和迷你杏鮑菇按紋理撕開。

2 熱鍋中倒入橄欖油，翻炒番茄、辣椒，再放入雞胸肉、杏鮑菇繼續炒。

3 放入飯翻炒，然後放入番茄糊、辣椒粉、椰棗糖漿，攪拌均勻翻炒。

4 取5個耐熱容器，炒飯分成每碗約290克的份量，1～2天內要吃的份量放置冷藏，之後才要吃的份量放入冷凍保存。

蟹味棒雞蛋韭菜粥 × 早餐 午餐

（可分5次食用）

雞蛋、豆腐、蟹味棒、韭菜、紫蘇油……光是聽到材料就垂涎三尺了吧？
把容易取得的材料全部放進去煮，就能做出粥品專賣店的健康粥味道。
一次全部做好保存起來，只要取出加熱就可以吃，十分方便，
柔軟的粥品容易消化，胃也舒服無負擔。

材料

- [ ] 蟹味棒 5根
- [ ] 雞蛋 3顆
- [ ] 豆腐 1盒（300g）
- [ ] 雜糧飯 450g
- [ ] 胡蘿蔔 1根（250g）
- [ ] 大蔥 35cm（110g）
- [ ] 韭菜 120g
- [ ] 水 3杯
- [ ] 醬油 3大匙
- [ ] 紫蘇油 3大匙
- [ ] 橄欖油 1大匙

> 用食物調理機切胡蘿蔔末會很方便。

1. 胡蘿蔔切成細末，大蔥切成蔥花，韭菜切成2cm長段。

2. 蟹味棒連著塑膠膜一起搓揉再撕成細絲，豆腐搗成碎塊。

3. 熱鍋中倒入橄欖油，先炒大蔥，待散發出蔥香味時，放入胡蘿蔔翻炒。

4. 放入豆腐、雜糧飯、蟹味棒、水、雞蛋，邊攪拌邊煮，使其不黏鍋。

5. 放入韭菜稍加混合，加入紫蘇油調味。

6. 取5個耐熱容器，分別裝入約380克的粥，1～2天內要吃的份量放置冷藏，之後才吃的則放冷凍保存。

馬鈴薯雞蛋沙拉 × 早餐 午餐 晚餐

（可分5次食用）

大人小孩都非常愛吃的馬鈴薯沙拉。
怕發胖而不能盡情大吃，所以這道食譜將馬鈴薯沙拉做得更輕盈健康。
在煮熟的馬鈴薯和雞蛋中加入蟹味棒增添風味，果斷地捨棄美乃滋，
用無糖分的黃芥末醬代替，展現出乾淨俐落的味道。
請多做一些，試著活用在其他料理上吧。

材料

- [ ] 馬鈴薯 5顆（500g）
- [ ] 雞蛋 10顆
- [ ] 蟹味棒 4根
- [ ] 胡蘿蔔 1/2根（100g）
- [ ] 洋蔥 1/2顆（150g）
- [ ] 青陽辣椒 2根
- [ ] 黃芥末 5大匙
- [ ] 巴西利粉 少許
- [ ] 醋 1/2大匙
- [ ] 鹽 1/2大匙

1 馬鈴薯去皮煮熟，剝去外皮。

2 水中加入醋和鹽，放入雞蛋煮10分鐘以上煮成全熟蛋，放入冷水中浸泡並剝除蛋殼。

> 用食物調理機處理會很方便。

3 大碗中放入馬鈴薯、水煮蛋，用叉子或搗碎器壓碎。

4 蟹味棒切碎，胡蘿蔔、洋蔥、辣椒切成細末。

> 塗抹在全麥餅乾或全麥土司上，當午餐吃也不錯。

5 壓好的馬鈴薯泥和水煮蛋中放入切碎的蔬菜、黃芥末醬、巴西利粉，混合均勻。

6 取5個耐熱容器，分別裝入280克的沙拉，1～2天內要吃的份量放置冷藏，之後才要吃的放冷凍保存。

Part 6〔常備菜〕 205

雞胸肉香橙莎莎醬沙拉 × 晚餐

（可分5次食用）

如果想吃清爽、水分充足的沙拉，就加入雞胸肉和柳橙一起料理吧。
只放柳橙就很清爽了，再加上更多清脆蔬菜，
更能愉快享受五顏六色的沙拉，各種味道融合在一起，變成一種嶄新的味道。
可以搭配全麥土司或墨西哥薄餅一起當午餐享用。

材料

- 即食雞胸肉 420g
- 柳橙 2顆（290g）
- 牛番茄 1顆（190g）
- 黃椒 2/3顆（100g）
- 黑橄欖 5顆
- 小黃瓜 1根
- 青陽辣椒 3根
- 香菜（或芝麻葉）10g
- 胡椒粉 少許
- 檸檬汁 2大匙
- 鹽 1/3大匙
- 橄欖油 3大匙

1 小黃瓜剖半去籽，切成小塊的一口大小，辣椒、香菜切細。

2 柳橙、牛番茄、黃椒切成小塊的一口大小，黑橄欖切成圓片。

3 雞胸肉按紋理撕開。

4 碗中放入所有蔬菜、水果、雞胸肉、胡椒粉、橄欖油，攪拌均勻。

> 如果使用的是即食雞胸肉，因為已經有鹹味了，就不需要再加鹽。

> 舀出一人份，搭配全麥餅乾或全麥土司一起吃也很不錯。

5 裝入大型容器，置於冷藏保存，在4～5天內吃完即可。

三色鷹嘴豆泥 × 早餐 午餐 點心

（可分5～6次食用）

豆類中，鷹嘴豆是蛋白質含量高，沒有大豆特有的腥味，
不喜歡豆子的人也能毫無負擔吃下去的食材。
鷹嘴豆煮熟做成鷹嘴豆泥，可以當成用蔬菜棒蘸著吃的醬料，
在三明治中也是很重要的夾層。
請試著用各種粉末和蔬菜，製作屬於自己的三色鷹嘴豆泥吧。

材料

- 煮熟鷹嘴豆 3杯（360g）（或鷹嘴豆罐頭）
- 甜菜根粉 1/4大匙
- 黑芝麻 2大匙
- 白芝麻 3大匙
- 大蒜 1瓣
- 橄欖油 5大匙
- 孜然粉 1/3大匙
- 花生醬 1大匙
- 檸檬汁 1大匙
- 燕麥奶 1/2杯（或無糖豆漿）

1. 乾鍋中放入白芝麻，以小火炒到白芝麻變成褐色。

2. 果汁機中放入鷹嘴豆、白芝麻、大蒜、橄欖油、孜然粉、花生醬、檸檬汁等，一邊慢慢加入少許燕麥奶一邊打細。

> 加入甜菜粉，用果汁機攪拌，可以更快速均勻地混合完畢。

> 剩下的1/3是原味鷹嘴豆泥。

3. 打好的鷹嘴豆泥分成3等份，在1/3的份量中加入甜菜粉，攪拌均勻做成甜菜鷹嘴豆泥。

4. 在剩下的1/3分量中加入黑芝麻，用果汁機打成黑芝麻鷹嘴豆泥。

> 可以用蔬菜棒蘸來吃，或作為三明治夾層，抹在麵包上當抹醬吃。

5. 取5個容器，各裝入約260克的三種鷹嘴豆泥，2～3天內要吃的份量置入冷藏，之後才要吃的份量放冷凍保存。

番茄麻婆豆腐 × 早餐 午餐 （分5次食用）

減重期間去中餐廳用餐，可以點調味重，但是高蛋白料理的麻婆豆腐。
在家製作時，用豆腐和豬肉補充動、植物性蛋白質，減少鈉攝取，烹調得更加健康。
再加上番茄的甜味和辣椒粉的辣味煮滾，身體一下子就被熱氣暖起來了。

材料

- 豆腐 1盒（300g）
- 豬絞肉 400g
  （豬後腿肉、豬里肌肉等瘦肉部位）
- 洋蔥 1顆（250g）
- 大蔥 17cm（60g）
- 青蔥 13cm（10g）
- 番茄糊 4大匙
- 蠔油 2大匙
- 青陽辣椒粉 1.5大匙
- 蒜末 1大匙
- 阿洛酮糖 2大匙
  （或寡醣、蜂蜜）
- 水 2.5杯
- 橄欖油 1大匙

1. 洋蔥切條後，再對切成一半，大蔥、青蔥切細。豆腐切丁。

2. 混合番茄糊、蠔油、辣椒粉、大蒜、阿洛酮糖、水1/2杯做成醬料。

> 如果怕辣的話，可以減少一些辣椒粉的量。

3. 熱鍋中倒入橄欖油，炒大蔥和洋蔥。

4. 放入豬絞肉翻炒，加入2的醬料、2杯水、豆腐，煮滾15分鐘收汁。

5. 取5個耐熱容器，各裝入約245克的麻婆豆腐，1～2天內要吃的份量置入冷藏，之後才要吃的放冷凍保存。吃的時候配上100克糙米飯。

> 裝入容器後，撒上青蔥蔥花。

Part 6〔常備菜〕 211

甜菜根胡蘿蔔沙拉 × 配菜 （分6～7次食用）

用胡蘿蔔和甜菜根這兩種根莖類蔬菜做出清爽的甜菜根胡蘿蔔沙拉。這道食譜是由味道和活用度都廣受歡迎的胡蘿蔔絲沙拉（carottes râpées）改良而成。雖然知道對身體很好，但是不知道該怎麼料理的甜菜根和胡蘿蔔，放在一起做成沙拉，可以搭配三明治，代替醃黃瓜食用，在各方面都很方便。

材料

- 胡蘿蔔 2根（380g）
- 甜菜根 1/2顆（100g）
- 橄欖油 3大匙
- 檸檬汁 6大匙
- 阿洛酮糖 2大匙（或蜂蜜、寡醣）
- 香草調味鹽 2/3大匙
- 胡椒粉 少許

> 使用刨絲器會很方便。甜菜根如果連皮一起吃可以攝取到更多營養。

1. 甜菜根去皮切成細絲，胡蘿蔔也切成細絲。

2. 大碗中放入胡蘿蔔絲、甜菜根絲、橄欖油、檸檬汁、阿洛酮糖、香草調味鹽、胡椒粉拌勻。

> 冷藏保存，涼涼吃才好吃。在164頁的全蛋三明治食譜中作為夾層餡料使用。

3. 置於冷藏最多可保存一週，可當三明治夾層餡料，或當作配菜代替泡菜、醃黃瓜等。

雞胸肉可樂餅 × 早餐 午餐 晚餐

（可分5次食用）

用生雞胸肉做出味道不輸給市販可樂餅的雞胸肉可樂餅。
脂肪少的雞胸肉、全麥土司、杏仁和辛香蔬菜等磨碎，做成扁平的肉餅狀烤來吃。
即使沒有醬料也很好吃，而且油脂也少，不會造成心理和身體負擔。

材料

- 生雞胸肉 3〜4塊（450g）
- 全麥土司 4片
- 雞蛋 2顆
- 大蒜 4瓣
- 青陽辣椒 3根
- 胡蘿蔔 1/2根（105g）
- 杏仁 24顆
- 芝麻葉 5片
- 噴霧式橄欖油 少許

1 生雞胸肉切成細末。

2 土司以果汁機打成細末備用。

3 果汁機中先放入大蒜、青陽辣椒、胡蘿蔔、杏仁磨碎，再加入芝麻葉繼續攪打。

4 磨好的蔬菜中加入一半麵包粉，和雞蛋混合成麵團後分成5等份，麵團揉成圓餅狀，在表面沾上剩下的麵包粉。

> 可以少量蘸取黃芥末醬、是拉差香甜辣椒醬或炸豬排醬汁食用。

5 放入氣炸鍋中，噴上噴霧式橄欖油，以200°C烤10分鐘，翻面再烤10分鐘。

> 也可以在熱鍋中加入橄欖油，將麵團壓得更扁一些，煎至前後兩面呈金黃色。

6 1〜2天內要吃的份量置放冷藏，之後才要吃的份量放冷凍保存。用氣炸鍋加熱，一次吃一個。

Part 6〔常備菜〕 215

青醬起司炒飯 × 早餐 午餐 （分5次食用）

平凡的炒飯因為一匙香氣四溢的羅勒青醬而升級。
柔和的炒雞蛋和培根讓味道更加濃郁，
青花椰菜、青陽辣椒、大蒜帶出鮮美滋味，讓味道更高級。
吃之前撒上披薩起司，用微波爐加熱後再吃，就像剛出爐的一樣好吃。

材料

- ☐ 雞蛋 4顆
- ☐ 糙米飯 450g
- ☐ 培根 200g
- ☐ 青花椰菜 180g
- ☐ 青陽辣椒 4根
- ☐ 大蒜 4瓣
- ☐ 羅勒青醬 2大匙
- ☐ 胡椒粉 少許
- ☐ 披薩起司 60g
- ☐ 橄欖油 2.5大匙

1 培根、青花椰菜切成小塊的一口大小，辣椒切細，大蒜切片。

2 雞蛋打散成蛋液，熱鍋中倒入1/2大匙橄欖油，開中火，倒入蛋液後用筷子攪拌，製成炒蛋備用。

3 熱鍋中倒入2大匙橄欖油，炒大蒜、辣椒後，放入青花椰菜、培根、糙米飯翻炒。

4 放入炒蛋、羅勒青醬、胡椒粉，稍微翻炒一下。

5 取5個耐熱容器，各裝入約210克的炒飯，撒上起司，1～2天內要吃的份量置放冷藏，之後才吃的份量放冷凍保存。

Part 6〔常備菜〕 217

牛肉白菜燕麥粥 × 早餐 午餐

（可分5次食用）

用可輕鬆攝取有益身體的非精製碳水化合物的燕麥片，
和能補充蛋白質、脂肪少的牛肉煮製成柔軟的粥。
加上即使加熱維生素損失也很小的大白菜，
並用富含維生素的紅椒、紫蘇籽粉和紫蘇油增添香氣，美味營養兼具。

材料

- 牛肉（後腿肉）500g
- 燕麥片（即食燕麥）170g
- 青陽辣椒 3根
- 紅椒 2/3顆（80g）
- 黃椒 2/3顆（80g）
- 大白菜 300g
- 紫蘇油 3大匙
- 香草調味鹽 1/2大匙
- 紫蘇籽粉 3大匙
- 水 4.5杯
- 橄欖油 1大匙

> 使用脂肪少的牛後腿肉、牛臀肉等。

1 青陽辣椒、紅椒切碎，大白菜一片一片摘下，切成一口大小。

2 牛肉剁成細末。

3 熱鍋中倒入橄欖油，放入辣椒、大白菜、紅椒、牛肉翻炒。

4 倒入燕麥片、水，邊攪拌邊煮使不燒焦黏鍋，燉煮至變黏稠為止。

5 關火，加入紫蘇油、香草調味鹽、紫蘇籽粉混合。

6 取5個耐熱容器，分別裝入約320克的粥，1～2天內要吃的份量置入冷藏，之後才要吃的放冷凍保存。

水煮蛋蟹味棒沙拉 × 早餐 晚餐

（可分3次食用）

做起來不難，但備料上有點費工的沙拉。
只要替換食材，沙拉也可以大量做成常備菜，簡便地享用。
以水煮蛋和蟹味棒攝取蛋白質，以栗子南瓜攝取碳水化合物，並以新鮮蔬菜攝取膳食纖維。
請用以黑橄欖調味的沙拉來節省時間吧。

材料

- 雞蛋 6顆
- 栗子南瓜 1顆（300g）
- 蟹味棒 6根
- 黑橄欖 9顆
- 小番茄 30顆
- 生菜 15片
- 醋 1/2大匙
- 鹽 1/2大匙

1. 生菜瀝乾水分，切成一口大小。

2. 水中加入醋和鹽，放入雞蛋煮10分鐘以上，煮成全熟蛋，撈起泡入冷水中，剝除蛋殼。

3. 栗子南瓜挖出籽，連皮切成一口大小，放入氣炸鍋以200°C烤10分鐘。

4. 蟹味棒切丁，黑橄欖切成圓片。

> 按照膳食纖維→蛋白質→碳水化合物的順序食用，對管理血糖和飽足感都有好處。

> 也可以搭配1大匙橄欖油為基底的市售醬料一起吃。

> 使用在百元商店、大型超市等販售的水煮蛋切片器會很方便。

5. 煮好的水煮蛋切成圓片。

6. 密封容器中按照南瓜→水煮蛋→蟹味棒→黑橄欖→生菜→小番茄的順序放入，蓋上蓋子。冷藏保存，於三天內食用完畢。

低鹽醬煮雞蛋香菇 × 早餐 午餐 晚餐

（可分6次享用）

韓國人的「偷飯賊」
（譯註：太適合配飯吃所以一眨眼飯就吃光了，好像飯不知不覺間被偷了一樣。）
醬煮雞蛋也可以做成韓式常備菜。
比一般較鹹的醬煮雞蛋來得清淡，放入滿滿杏鮑菇和蔬菜，燉煮到熬出高湯為止。
加入洋蔥汁可以更簡單快速煮出濃醇的味道，請一定要加。
是超簡單的韓國料理，一次就能扎扎實實準備好六頓餐。

材料

- 雞蛋 12顆
- 迷你杏鮑菇 200g
- 白蘿蔔 300g
- 大蔥 20cm（75g）
- 青陽辣椒 3根
- 大蒜 7瓣
- 水 3杯
- 洋蔥汁 2包（200ml）
- 醬油 4大匙
- 阿洛酮糖 2大匙（或蜂蜜）
- 鹽 1/2大匙
- 醋 1/2大匙

1. 水中加入醋和鹽，放入雞蛋煮10分鐘以上，煮成全熟蛋，撈起泡入冷水中，剝除蛋殼。

2. 杏鮑菇按紋理撕開，白蘿蔔切丁，辣椒切成一口大小。

> 如果沒有洋蔥汁，可放入1/2顆洋蔥燉煮。

3. 鍋中放入白蘿蔔、大蒜、杏鮑菇、辣椒、洋蔥汁、水煮滾，再加入醬油、阿洛酮糖、蔥、水煮蛋燉煮10分鐘以上收汁。

4. 完全冷卻後，2～3天內要吃的份量置入冷藏，之後才要吃的放冷凍保存。一餐食用2個雞蛋、杏鮑菇、雜糧飯100克，並配上多種蔬菜。

🍽 鴨肉花椰菜溫沙拉 × 晚餐 （分5次食用）

這道菜有著多種口感。
有嚼勁的煙燻鴨肉、柔軟的炒蛋、爆汁的玉米、
Q彈口感像飯的低碳水化合物食品白花椰菜米、清脆的高麗菜和辣椒等，
各式各樣的味道和口感匯集在一起，每次咀嚼嘴裡都像在開派對。
肉和蔬菜的組合吃完會很有飽足感。

材料

- 煙燻鴨肉 450g
- 雞蛋 3顆
- 洋蔥 1/2顆（120g）
- 青陽辣椒 3根
- 高麗菜 200g
- 冷凍白花椰菜米 200g（或切碎的青花椰菜）
- 有機玉米罐頭 5大匙
- 胡椒粉 少許
- 橄欖油 1.3大匙

1 洋蔥、青陽辣椒切碎，高麗菜切成一口大小。

2 雞蛋打散成蛋液，熱鍋中倒入1/3大匙橄欖油，倒入蛋液，開中火以筷子攪拌，製成炒蛋備用。

> 白花椰菜米在大型超市或網路商城購買，在冷凍狀態下使用。如果沒有冷凍白花椰菜米，也可以把青花椰菜切碎放進去。

3 鴨肉用滾水燙一下，切成一口大小。

4 熱鍋中倒入1大匙橄欖油，放入洋蔥、辣椒、白花椰菜米、高麗菜、玉米翻炒。

5 關火後加入炒蛋和胡椒粉，攪拌均勻。

6 取5個耐熱容器，分別放入約230克的沙拉，1～2天內要吃的份量置於冷藏，之後才要吃的份量放冷凍保存。

PART 7

防止暴飲暴食
和一吃就停不下來的

甜點零食

減重時只能吃正餐嗎？
為了在減重期間也能吃到誘人的甜點，
肚子餓時可以開心地充飢，
在食欲增加的生理期前後可以防止暴飲暴食，
本章準備了多種零食。
有餅乾、布朗尼、麵包、派等糕點，
和可以靈活運用的堅果類抹醬、蔬菜脆片、
冰淇淋、蛋白質豐富的能量棒等，
滿滿收錄為減重者帶來快樂和能量的點心。
料理新手也做得出來的超簡單食譜，
相信大家都會成功的。

🍴 什錦燕麥片餅乾 × 早餐 點心

在Mini的社群媒體一舉成名的什錦果乾燕麥餅乾，
有著只要吃過一次就讓人回味無窮的魅力。
香蕉和什錦果乾燕麥中的果乾帶來微微甜味，外表酥脆，
裡面有嚼勁，給人帶來咀嚼的快樂。
製作簡單又有益健康，請一定要嘗試一下。

材料

- 香蕉 1根
- 什錦果乾燕麥 2杯（120g）
- 全麥麵粉 1大匙
- 雞蛋1顆
- 水 2大匙
- 花生醬 1大匙
- 噴霧式橄欖油 適量

1 香蕉剝皮，用叉子搗碎。

> 如果沒有什錦果乾燕麥，也可以混合燕麥片、果乾類、堅果類使用。如果不喜歡香蕉的味道，也可以改成用地瓜泥或南瓜泥製作。

2 搗碎的香蕉中加入什錦果乾燕麥、全麥麵粉、雞蛋、水混合後，再加入花生醬混合。

3 在氣炸鍋中鋪上烘焙紙，噴上2～3次噴霧式橄欖油。

> 如果沒有冰淇淋勺，也可以用湯匙做出圓形麵團放上。

4 用冰淇淋勺舀起麵團，放在烘焙紙上。

> 用微波爐加熱3分鐘也可以，但口感會變得更接近麵包而非餅乾。

5 用氣炸鍋以170°C加熱10分鐘，翻面再加熱7分鐘。

杯子布朗尼 × 午餐 點心 （分2次食用）

介紹幫助你順利上廁所的美味巧克力甜點。
用香噴噴的燕麥片取代麵粉，
加上富含膳食纖維、多酚、維生素A、C、E的加州梅乾做成的Mini牌巧克力布朗尼。
濃稠的口感和自然的甜味真的很有魅力。
簡單地用微波爐快速製作，上面再放水果裝飾，
配上希臘優格，一點都不輸市面上賣的巧克力甜點。

材料

- ☐ 燕麥片（即食燕麥）30g
- ☐ 雞蛋 2顆
- ☐ 花生醬 1大匙
- ☐ 可可粉 2大匙
- ☐ 可可碎豆 1大匙
- ☐ 虎堅果（油沙豆，Tiger nuts）1大匙
- ☐ 低脂牛奶 1/3杯（或無糖豆漿）
- ☐ 加州梅乾 10顆
- ☐ 草莓 1顆
- ☐ 希臘優格 1大匙
- ☐ 橄欖油 少許

1 加州梅乾切碎，草莓不摘蒂，縱切成2等份。

2 碗中放入燕麥片、雞蛋、花生醬、可可粉、可可碎豆、虎堅果、牛奶、梅乾，攪拌均勻做成麵團。

> 留一點可可碎豆作裝飾用。

> 使用底部為圓形的杯子，做好後才能乾淨利落地分離。只加入杯身2/3量的麵團，加熱時才不會滿出來。

3 馬克杯塗上橄欖油，舀入麵團至杯子的2/3高，輕敲底部兩三次以排出空氣。

4 麵團放入微波爐加熱2分鐘，稍稍冷卻後再加熱2分鐘，取出脫模扣到盤子上，塗上優格，放上草莓和可可碎豆裝飾即完成。

Part 7〔甜點零食〕 231

烤蓮藕脆片 × 點心

富含維生素和膳食纖維的蓮藕是口感爽脆的根莖蔬菜。
在健康的蓮藕中加入增添煙燻香味的紅椒粉、香草調味鹽、少許油烤製，
無聊時可以吃的美味蓮藕片就完成了。
連討厭蓮藕的人也會被這酥脆Q彈的口感迷住。

材料

- 市售蓮藕片 150g
- 煙燻紅椒粉 1/3大匙（或咖哩粉）
- 香草調味鹽 1/5大匙
- 松露油 1/3大匙（或橄欖油）

> 生蓮藕去皮切成0.5cm厚，水中加入少許醋，放入藕片浸泡15分鐘，瀝乾水分即可使用。

1 市售蓮藕用流動的水沖洗，在水中浸泡15～20分鐘，瀝乾水分。

> 如果沒有煙燻紅椒粉，加入1/5大匙咖哩粉或香草調味鹽也可以。

2 乾淨塑膠袋中放入蓮藕片、紅椒粉、香草調味鹽、松露油搖晃均勻。

3 放入氣炸鍋中，以160°C烤10分鐘，翻面再烤10分鐘，置於網架上放涼。

Part 7〔甜點零食〕 233

低碳水蘋果派 × 早餐 點心

你以為只要是蘋果、花生醬、希臘優格的組合,就一定要放進優格混著吃嗎?
即使是同樣的材料,我們也要更漂亮、更美味、更創新地去享受。
蘋果切成大塊,塗上香噴噴的花生醬,再放上希臘優格和堅果類,
就可以做出招待客人用的小零食,端出漂亮、有飽足感的低碳蘋果派。

材料

- ☐ 蘋果 1/3顆（130g）
- ☐ 花生醬 1大匙
- ☐ 希臘優格 1大匙
- ☐ 夏威夷豆 17顆
- ☐ 胡桃 12顆
- ☐ 果乾 25g
- ☐ 可可碎豆 1/2大匙
- ☐ 肉桂粉 少許

1　蘋果切成厚0.7公分的四個圓片，讓蘋果籽位於中間。

2　在2塊蘋果片上塗花生醬，另外2塊塗上希臘優格。

3　依個人喜好均勻地放上堅果類、果乾、可可碎豆等做裝飾。

4　撒上肉桂粉即完成。

超簡單大蒜麵包 × 點心（分4～5次食用）

如果喜歡大蒜麵包，那一定要做這道點心！
比市售的大蒜麵包更健康更好吃唷。
我很喜歡大蒜法棍那酥脆金黃的表面。
在全麥餅乾抹上大蒜抹醬，烤得整面都酥酥脆脆，從頭到尾都能享受到最美味的部分。

材料

- 全麥餅乾 80g
- 披薩起司 30g
- 無鹽奶油 5g
- 蒜末 3大匙
- 植物性美乃滋 1大匙
- 蜂蜜 1/2大匙
- 巴西利粉 1/2大匙

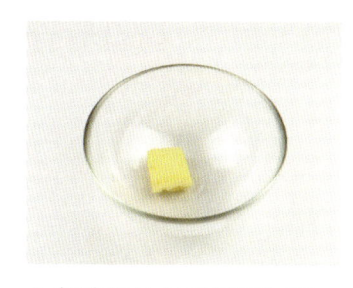

1 無鹽奶油以微波爐加熱20秒融化。

2 融化的無鹽奶油中加入蒜末、美乃滋、蜂蜜、巴西利粉混合。

3 混合好的2塗在整片全麥餅乾上，再放上披薩起司。

4 用氣炸鍋以180°C加熱7分鐘。

若使用微波爐則加熱1分30秒。

🍴 雞蛋納豆抹醬 × 晚餐 點心

#哎呀不得了

很多人說藉由這個食譜，終於跨過了門檻很高的納豆障礙。
社群媒體上用的hashtag料理名稱也很可愛：#哎呀不得了！（發音同「egg不得了納豆」）。
當輕食點心吃，可以搭配芹菜之類的棒狀蔬菜蘸著吃；
想飽餐一頓，就再加一顆蛋，配全麥餅乾吃或當三明治夾餡。

材料

- 雞蛋 1顆
- 納豆 1盒
- 洋蔥 1/6顆（30g）
- 黃椒 1/4顆（30g）
- 芹菜 40cm（90g）
- 黃芥末 2/3大匙
- 植物性美乃滋 1大匙
- 胡椒粉 少許
- 醋 1/2大匙
- 鹽 1/2大匙

> 芹菜莖較厚的部分長長縱切成兩半，較方便食用。

1. 洋蔥、黃椒切細，芹菜切成7cm長段。

2. 水中加入醋和鹽，放入雞蛋煮10分鐘以上，煮成全熟蛋，撈起泡入冷水中，剝除蛋殼。

3. 煮好的雞蛋以叉子壓碎，納豆用筷子充分攪拌。

4. 碗中放入水煮蛋、納豆、洋蔥、黃椒、黃芥末醬、美乃滋攪拌均勻。

5. 盛入碗中，撒上胡椒粉，配上芹菜即完成。

Part 7〔甜點零食〕

希臘優格水果三明治 × 早餐 午餐 點心

（可分2次食用）

一度流行於日本和韓國咖啡館的滿滿鮮奶油水果三明治。
一口咬下去的瞬間，在口中慢慢化開的柔軟和爆發的清爽感，感覺一顆心都要融化了。
我用希臘優格代替鮮奶油，製作出健康、輕盈的三明治。
來一塊水果三明治，讓我們一起變幸福吧。

材料

- 全麥土司 2 片
- 希臘優格 100g
- 草莓 2顆
- 奇異果 1/2顆
- 橘子 1/4顆

> 與果肉相比,奇異果皮含有更豐富的膳食纖維和葉酸。

1. 草莓去蒂,奇異果切除頭尾,連皮縱切成2等份,柳橙剝皮,一瓣一瓣剝開。

2. 用刀切除土司邊。

3. 取一片土司,在其中一面抹上一半優格,放上草莓、奇異果、柳橙。

> 請參考21頁三明治的包裝方法。

4. 另一片土司塗抹剩下的優格,蓋上放好水果的土司,用神奇密封保鮮膜包裝後分成2等份。

杏仁抹醬 × 點心 （分8～10次食用）

杏仁富含有益身體的不飽和脂肪酸，即使在減重期，一天也必須吃一把。
直接吃就很香，酥脆口感更能幫助心情轉換，是很值得感謝的食物。
杏仁研磨做成抹醬，可以應用在各種料理上。
味道比直接吃更香濃，比外面販售的更便宜，請一起試著做做看吧。

材料

- 杏仁 2杯（200g）
- 燕麥奶 2大匙（或杏仁漿、糖豆漿）
- 橄欖油 3大匙
- 蜂蜜 1大匙
- 鹽 1/3大匙

> 請參考第244頁的「杏仁希臘優格三色土司」食譜。

1. 果汁機中放入杏仁、燕麥奶、橄欖油、蜂蜜、鹽後磨細。

2. 裝入瓶中可冷藏保存一週，適合搭配土司或優格碗。

杏仁希臘優格三色土司 × 早餐 午餐

用香甜醇厚的自製杏仁抹醬，加上口感細緻、味道清爽的希臘優格，完成色彩繽紛的土司。
抹醬中加入甜菜根粉，就能做出兩種不同顏色，同時補充營養。
每咬一口就能享受到不同風味的抹醬。

材料

- 全麥土司 1片
- 杏仁抹醬 50g
  （請參考第242頁）
- 甜菜根粉 1/4大匙
- 希臘優格 25g

1 土司放入乾鍋中，煎烤至前後兩面呈金黃色。

2 取一半份量的杏仁抹醬，加入甜菜根粉混合，做成甜菜根抹醬。

3 少量舀起杏仁抹醬、甜菜根抹醬、希臘優格，交叉塗抹於土司上即完成。

納豆番茄 × 早餐 晚餐 點心

#Nattomato

用納豆和鮪魚均衡補充動、植物性蛋白質，
用番茄和巴薩米克醋帶出豐富味道的納豆番茄。
多虧了納豆和鮪魚中的豐富蛋白質，可以心情愉快地吃飽飽，
不論是當早餐、晚餐還是點心吃都很不錯。
請搭配全麥餅乾，盡情享受飽足美味吧。

材料

- ☐ 納豆 1盒
- ☐ 鮪魚罐頭 50g
- ☐ 小番茄 5顆
- ☐ 洋蔥 1/5顆（30g）
- ☐ 黑橄欖 2顆
- ☐ 市售巴薩米克醋 2/3 大匙
- ☐ 全麥餅乾 3片

1 小番茄切成4等份，洋蔥切碎，橄欖切成圓片。

2 以湯匙壓出鮪魚的油分並倒掉。

> 如果想吃得更輕鬆無負擔，可將鮪魚放上篩網，倒入滾水燙過，再用湯匙按壓去除油脂。

3 納豆用筷子充分攪拌。

4 碗中放入小番茄、洋蔥、橄欖、鮪魚、納豆、巴薩米克醋均勻混合。

5 搭配全麥餅乾即完成。

Part 7〔甜點零食〕 247

燕麥地瓜鬆餅 × 早餐 午餐 （2人份）

週末早晨慢慢起床後，用燕麥片地瓜鬆餅來享受一下自家的優閒早午餐吧。
不加麵粉，由燕麥片和地瓜做成麵團，較沒有變胖的負擔，也讓胃舒服。
再加上酸甜的水果裝飾，就能做出不輸咖啡廳早午餐的美味鬆餅了。
也可以事先烤好，在忙碌的早晨就能帶一塊出門吃。

材料

- 燕麥片（即食燕麥）30g
- 地瓜 1個（180g）
- 雞蛋 2顆
- 藍莓 11顆
- 草莓 1顆
- 椰棗糖漿 1大匙（或阿洛酮糖）
- 肉桂粉 少許
- 椰子油 1大匙（或橄欖油）

> 我把自己栽種的百里香摘來作裝飾。

1 藍莓以流動的水清洗乾淨，草莓去蒂切塊。

2 燕麥片用果汁機打細。

3 地瓜去皮放入耐熱容器中，加入1大匙水，蓋上保鮮膜後用筷子戳出幾個洞，以微波爐加熱2分鐘。

4 煮熟的地瓜用叉子搗碎，雞蛋打散成蛋液。

5 碗中放入打細的燕麥、地瓜泥、蛋液，攪拌做成麵團。

6 熱鍋中加入椰子油，麵團揉成圓餅狀，煎至兩面煎黃。

> 以百里香、蘋果薄荷等香草裝飾，外觀和香氣會更上一層樓。

7 淋上椰棗糖漿，撒上肉桂粉，以草莓、藍莓裝飾。

Part 7〔甜點零食〕

山藥冰棒 × 點心（分6次食用）

#山藥冰

山藥中含有豐富的黏液質，有益健康，
但人們對它特有的滑溜溜質地卻呈現兩極的好惡。
因此這道食譜在山藥中混合了香蕉、無糖優格，製作出大家都敢吃的山藥冰棒。
在冰盒放入漂亮的水果一起冷凍，夏天時拿一根出來吃，該有多消暑啊。

材料

- ☐ 山藥 100g
- ☐ 香蕉 1根
- ☐ 藍莓 10顆
- ☐ 草莓 2顆
- ☐ 奇異果 1/2顆
- ☐ 無糖優格 100ml
- ☐ 阿洛酮糖 2大匙（或寡醣）

1 藍莓洗淨瀝乾水分，草莓切成圓片，奇異果去皮切成圓片。

2 山藥、香蕉去皮。

3 果汁機中放入山藥、香蕉、優格、阿洛酮糖打細，做成山藥雪酪。

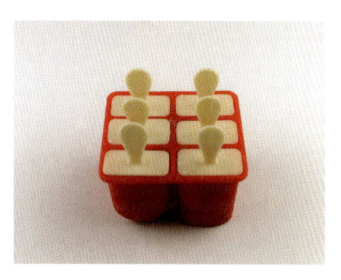

4 冰淇淋模具中分別放入草莓、藍莓、奇異果，倒入山藥雪酪，冷凍6小時以上即完成。

自製高蛋白能量棒 × 點心（分8次食用）

#蛋白棒

我喜歡口感扎實又滋味甜蜜的高蛋白能量棒，運動結束一定會買來吃。
但價格比想像的貴，所以就試著自己動手做了。結果大獲成功！
用健康的粉末、什錦果乾燕麥、堅果類、有益身體的糖分和油製作而成，
好吃到可以拿去販售了。
運動後不妨來根自製能量棒，簡單地補充蛋白質吧。

材料

- [ ] 蛋白粉 100g（或穀物粉）
- [ ] 杏仁粉 70g
- [ ] 無糖可可粉 2大匙
- [ ] 什錦果乾燕麥 50g
- [ ] 杏仁切片 20g
- [ ] 胡桃 8顆
- [ ] 阿洛酮糖 50ml
- [ ] 椰子油 60ml
- [ ] 無糖豆漿 30ml

> 椰子油有讓蛋白棒變硬的作用，一定要加入。

1. 大碗中放入蛋白粉、杏仁粉、可可粉、什錦果乾燕麥、杏仁片混合。

2. 阿洛酮糖、椰子油、豆漿各先倒入一半，邊加入邊和勻，再倒完剩下的一半混合。

3. 在扁平的模具中鋪上烘焙紙，放入麵團用力壓平，麵團上用力壓上胡桃做裝飾。

4. 放入冰箱冷藏1小時左右，使其變硬，切成8等份冷凍保存。

∑ Mini's Tip ∑

其他料理中阿洛酮糖可以用寡醣或蜂蜜代替，但蛋白棒加入寡醣熱量會變高。阿洛酮糖每100克為30kcal，而寡醣幾乎占240kcal。製作蛋白棒時一定要用阿洛酮糖，若用其他糖類代替，就要減少用量。每個阿洛酮糖品牌的甜味程度都不一樣。我使用的是「三養Q1」產品，使用其他品牌產品時，請根據甜味增減添加量。

蘋果花生派 × 早餐 午餐 點心 （分8次食用）

使用市售的全麥餅乾，輕輕鬆鬆就能成為烘焙高手。
用全麥餅乾磨細做成派皮十分簡便，加入蘋果取代砂糖，烤起來香甜無比。
花生醬的香氣、味道及高密度的黏稠口感，可以完美地解決飢餓感。
不能因為好吃就吃太多唷，一次只吃一塊當點心！

材料

- 蘋果 1/2顆（125g）
- 全麥餅乾 150g
- 雞蛋 3顆
- 椰子油 4.5大匙（或橄欖油）
- 花生醬 4大匙

1. 蘋果連皮切成薄片，雞蛋打散成蛋液。

2. 全麥餅乾用果汁機打細。

3. 碗中放入磨細的全麥餅乾粉、椰子油 4大匙、花生醬，蛋液分多次倒入攪拌均勻。

4. 模具塗1/2大匙椰子油，放入一半派皮麵團，用力壓平，放上一半蘋果片。

5. 倒入剩下的麵團用力壓緊，擺上剩下的蘋果片，圍成一圈做裝飾。

6. 放入氣炸鍋以180°C烤13分鐘，從模具中脫模後翻面再烤10分鐘。

7. 置於冰箱冷藏或涼爽的地方放涼，切成8等份冷藏保存。

Part 7〔甜點零食〕

鹹甜肉桂巧克力麵包 × 早餐 午餐 點心

（可分3～6次食用）

想吃鬆軟的巧克力麵包，請用鹹甜巧克力麵包來滿足對麵包的欲望。
以蛋白粉取代麵粉，以蛋白製作蛋白霜，是款能補充豐富蛋白質的高蛋白麵包。
吃兩三個就足以當正餐了。
當點心吃則要節制，只能吃一個。

材料

- 什錦果乾燕麥 2杯（120g）
- 蛋白粉 50g（或穀物粉）
- 碎胡桃 45g
- 無糖可可粉 1大匙
- 肉桂粉 2大匙
- 花生醬 1大匙
- 阿洛酮糖 3大匙（或寡醣）
- 鹽 1/4大匙
- 蛋白 200ml
- 胡桃 6顆
- 堅果類、果乾類 少許

1. 碗中放入什錦果乾燕麥、蛋白粉、碎胡桃、可可粉、肉桂粉、花生醬、阿洛酮糖、鹽，攪拌均勻做成麵糊。

2. 蛋白用打蛋器打成硬式蛋白霜。

> 用打蛋器打蛋白霜時，要持續維持同一個方向攪拌，打發至斜立起碗時蛋白霜不會流動的硬度。

> 攪拌混合時動作輕柔，以免蛋白霜消泡。

3. 麵糊中加入蛋白霜，轉動碗，以刮刀輕輕攪拌混合。

4. 麵團舀入矽膠模具，放上胡桃、堅果類、果乾等作裝飾。

> 使用什錦果乾燕麥中有的堅果類、果乾作為裝飾配料很方便。如果沒有矽膠模具，也可以在紙杯塗上油使用。

> 使用微波爐加熱3分鐘。但是會和用氣炸鍋烤出的口感很不一樣，所以還是推薦使用氣炸鍋。

5. 放入氣炸鍋以160°C烤15分鐘。

Part 7〔甜點零食〕 257

INDEX

料理方式索引

飯類

- 蟹味棒山葵豆皮壽司 …… 140
- 生菜包肉飯捲 …… 142
- 納豆醋拌海帶蓋飯 …… 180
- 減重版炸雞飯 …… 200
- 雞肉地瓜野菜飯捲 …… 166
- 韓式大醬豆腐拌飯 …… 192
- 扁豆洋蔥奶油咖哩 …… 178
- 山藥納豆蓋飯 …… 194
- 蒜薹豬肉炒飯 …… 132
- 甜辣鮪魚拌飯 …… 112
- 四角海苔飯捲 …… 138
- 炒蛋佐小魚乾炒飯 …… 052
- 低鹽豆腐羽衣甘藍捲 …… 184
- 鮪魚高麗菜炒飯 …… 044
- 青陽辣椒醃蘿蔔飯捲 …… 160
- 咖哩魚板蓋飯 …… 120
- 番茄泡菜炒飯 …… 102
- 番茄麻婆豆腐 …… 210
- 青醬起司炒飯 …… 216
- 燻雞胸肉泡菜蓋飯 …… 130

粥＆湯類

- 蟹味棒雞蛋韭菜粥 …… 202
- 小章魚泡菜粥 …… 096
- 清冰箱韓式大醬粥 …… 046
- 牛肉白蘿蔔燕麥粥 …… 062
- 牛肉白菜燕麥粥 …… 218
- 韓式嫩豆腐鍋燕麥粥 …… 066
- 燕麥蟹味棒海帶粥 …… 058
- 韓國年糕黃豆粉燕麥糊 …… 076
- 豆渣香菇粥 …… 182
- 番茄雞蛋燕麥粥 …… 122
- 明太魚乾燕麥粥 …… 084

麵＆義大利麵類

- 蒟蒻辣炒年糕 …… 104
- 泰式炒蒟蒻粿條 …… 056
- 減重版拌麵 …… 116
- 雞里肌海帶湯麵 …… 124
- 韓式大醬奶油義大利麵 …… 176
- 海帶豆腐炒麵 …… 170
- 海帶醋雞麵 …… 108
- 杏仁豆漿湯麵 …… 190
- 鮪魚番茄義大利湯麵 …… 050
- 咖哩風味蔬菜麵 …… 196
- 番茄天貝義大利麵 …… 186
- 青醬美乃滋義大利麵 …… 070

土司＆三明治＆捲類

- 希臘優格水果三明治 …… 240
- 芝麻葉越南春捲 …… 148
- 羽衣甘藍麵捲 …… 158
- 鹹甜炒蛋土司 …… 110
- 胡蘿蔔豆腐三明治 …… 162
- 豆腐泡菜墨西哥捲餅 …… 154
- 水梨土司 …… 134
- 杏仁希臘優格三色土司 …… 244
- 小黃瓜三明治 …… 156
- 辣椒洋蔥土司 …… 080
- 青葡萄鮮蝦土司 …… 090
- 全蛋三明治 …… 164
- 墨西哥捲餅 …… 144
- 半邊三明治 …… 150

披薩＆煎餅類

- ☐ 舀起來吃的高麗菜披薩 ⋯⋯⋯ 068
- ☐ 鮪魚飯餅 ⋯⋯⋯ 060
- ☐ 全麥披薩 ⋯⋯⋯ 098
- ☐ 燻金針菇披薩 ⋯⋯⋯ 094

沙拉

- ☐ 馬鈴薯雞蛋沙拉 ⋯⋯⋯ 204
- ☐ 雞胸肉Bun Cha沙拉 ⋯⋯⋯ 106
- ☐ 雞胸肉香橙莎莎醬沙拉 ⋯⋯⋯ 206
- ☐ 水煮蛋蟹味棒沙拉 ⋯⋯⋯ 220
- ☐ 鴨肉水梨沙拉 ⋯⋯⋯ 128
- ☐ 鴨肉花椰菜溫沙拉 ⋯⋯⋯ 224

抹醬＆鷹嘴豆泥

- ☐ 納豆番茄 ⋯⋯⋯ 246
- ☐ 杏仁抹醬 ⋯⋯⋯ 242
- ☐ 雞蛋納豆抹醬 ⋯⋯⋯ 238
- ☐ 三色鷹嘴豆泥 ⋯⋯⋯ 208

餅乾麵包類

- ☐ 高蛋白咖哩麵包 ⋯⋯⋯ 092
- ☐ 鹹甜杯子麵包 ⋯⋯⋯ 082
- ☐ 蛋碳脂派 ⋯⋯⋯ 088
- ☐ 杯子布朗尼 ⋯⋯⋯ 230
- ☐ 什錦燕麥片餅乾 ⋯⋯⋯ 228
- ☐ 鹹甜肉桂巧克力麵包 ⋯⋯⋯ 256
- ☐ 蘋果花生派 ⋯⋯⋯ 254
- ☐ 燕麥地瓜鬆餅 ⋯⋯⋯ 248
- ☐ 低碳水蘋果派 ⋯⋯⋯ 234
- ☐ 超簡單大蒜麵包 ⋯⋯⋯ 236
- ☐ 自製高蛋白能量棒 ⋯⋯⋯ 252

其他高蛋白料理

- ☐ 烤蓮藕脆片 ⋯⋯⋯ 232
- ☐ 減重版洋釀炸雞 ⋯⋯⋯ 074
- ☐ 減重版豆芽菜炒豬肉 ⋯⋯⋯ 054
- ☐ 雞胸肉可樂餅 ⋯⋯⋯ 214
- ☐ 雞肉包飯拼盤 ⋯⋯⋯ 118
- ☐ 甜菜根胡蘿蔔沙拉 ⋯⋯⋯ 212
- ☐ 豆腐球 ⋯⋯⋯ 172
- ☐ 山藥冰棒 ⋯⋯⋯ 250
- ☐ Mini的百歲餐桌 ⋯⋯⋯ 126
- ☐ 涼拌白菜拼盤 ⋯⋯⋯ 174
- ☐ 菠菜豆腐炒蛋 ⋯⋯⋯ 114
- ☐ 優格杯 ⋯⋯⋯ 146
- ☐ 低鹽醬煮雞蛋香菇 ⋯⋯⋯ 222
- ☐ 炒白花椰菜杯 ⋯⋯⋯ 152
- ☐ 奶油鮭魚排 ⋯⋯⋯ 064
- ☐ 披薩風味南瓜Eggslut ⋯⋯⋯ 086
- ☐ 茄子嫩豆腐焗烤 ⋯⋯⋯ 078
- ☐ 紫蘇豆腐奶油燉飯 ⋯⋯⋯ 188
- ☐ 是拉差奶油燉飯 ⋯⋯⋯ 048

附錄 259

INDEX

三餐類別索引

早餐

☐ 茄子嫩豆腐焗烤	078
☐ 馬鈴薯雞蛋沙拉	204
☐ 蟹味棒山葵豆皮壽司	140
☐ 蟹味棒雞蛋韭菜粥	202
☐ 高蛋白咖哩麵包	092
☐ 希臘優格水果三明治	240
☐ 小章魚泡菜粥	096
☐ 納豆番茄	246
☐ 納豆醋拌海帶蓋飯	180
☐ 清冰箱韓式大醬粥	046
☐ 減重版洋釀炸雞	074
☐ 減重版炸雞飯	200
☐ 鹹甜炒蛋土司	110
☐ 鹹甜杯子麵包	082
☐ 蛋碳脂派	088
☐ 雞胸肉可樂餅	214
☐ 雞肉包飯拼盤	118
☐ 雞里肌海帶湯麵	124
☐ 胡蘿蔔豆腐三明治	162
☐ 韓式大醬豆腐拌飯	192
☐ 韓式大醬奶油義大利麵	176

☐ 豆腐泡菜墨西哥捲餅	154
☐ 豆腐球	172
☐ 紫蘇豆腐奶油燉飯	188
☐ 舀起來吃的高麗菜披薩	068
☐ 扁豆洋蔥奶油咖哩	178
☐ 山藥納豆蓋飯	194
☐ 蒜薹豬肉炒飯	132
☐ 甜辣鮪魚拌飯	112
☐ 什錦燕麥片餅乾	228
☐ Mini的百歲餐桌	126
☐ 涼拌白菜拼盤	174
☐ 水梨土司	134
☐ 四角海苔飯捲	138
☐ 牛肉白蘿蔔燕麥粥	062
☐ 牛肉白菜燕麥粥	218
☐ 鹹甜肉桂巧克力麵包	256
☐ 韓式嫩豆腐鍋燕麥粥	066
☐ 是拉差奶油燉飯	048
☐ 炒蛋佐小魚乾炒飯	052
☐ 杏仁希臘優格三色土司	244
☐ 蘋果花生派	254
☐ 水煮蛋蟹味棒沙拉	220

☐ 小黃瓜三明治	156
☐ 燕麥蟹味棒海帶粥	058
☐ 燕麥地瓜鬆餅	248
☐ 優格杯	146
☐ 韓國年糕風味 黃豆粉燕麥糊	076
☐ 低鹽醬煮雞蛋香菇	222
☐ 低鹽豆腐羽衣甘藍捲	184
☐ 低碳水蘋果派	234
☐ 鮪魚飯餅	060
☐ 鮪魚高麗菜炒飯	044
☐ 鮪魚番茄義大利湯麵	050
☐ 青陽辣椒醃蘿蔔飯捲	160
☐ 辣椒洋蔥土司	080
☐ 青葡萄鮮蝦土司	090
☐ 咖哩魚板蓋飯	120
☐ 炒白花椰菜杯	152
☐ 豆渣香菇粥	182
☐ 番茄泡菜炒飯	102
☐ 番茄麻婆豆腐	210
☐ 全麥披薩	098
☐ 全蛋三明治	164

☐ 墨西哥捲餅 ……………… 144	☐ 減重版炸雞飯 ……………… 200	☐ 是拉差奶油燉飯 ……………… 048
☐ 青醬起司炒飯 ……………… 216	☐ 鹹甜炒蛋土司 ……………… 110	☐ 炒蛋佐小魚乾炒飯 ……………… 052
☐ 披薩風味南瓜Eggslut ……………… 086	☐ 鹹甜杯子麵包 ……………… 082	☐ 杏仁希臘優格三色土司 ……………… 244
☐ 半邊三明治 ……………… 150	☐ 蛋碳脂派 ……………… 088	☐ 杏仁豆漿湯麵 ……………… 190
☐ 明太魚乾燕麥粥 ……………… 084	☐ 雞胸肉可樂餅 ……………… 214	☐ 蘋果花生派 ……………… 254
☐ 燻雞胸肉泡菜蓋飯 ……………… 130	☐ 雞肉地瓜野菜飯捲 ……………… 166	☐ 小黃瓜三明治 ……………… 156
☐ 三色鷹嘴豆泥 ……………… 208	☐ 雞里肌海帶湯麵 ……………… 124	☐ 燕麥蟹味棒海帶粥 ……………… 058
	☐ 韓式大醬豆腐拌飯 ……………… 192	☐ 燕麥地瓜鬆餅 ……………… 248
午餐	☐ 韓式大醬奶油義大利麵 ……………… 176	☐ 低鹽醬煮雞蛋香菇 ……………… 222
☐ 馬鈴薯雞蛋沙拉 ……………… 204	☐ 豆腐泡菜墨西哥捲餅 ……………… 154	☐ 低鹽豆腐羽衣甘藍捲 ……………… 184
☐ 蟹味棒山葵豆皮壽司 ……………… 140	☐ 豆腐球 ……………… 172	☐ 鮪魚飯餅 ……………… 060
☐ 蟹味棒雞蛋韭菜粥 ……………… 202	☐ 紫蘇豆腐奶油燉飯 ……………… 188	☐ 鮪魚番茄義大利湯麵 ……………… 050
☐ 生菜包肉飯捲 ……………… 142	☐ 扁豆洋蔥奶油咖哩 ……………… 178	☐ 青陽辣椒醃蘿蔔飯捲 ……………… 160
☐ 高蛋白咖哩麵包 ……………… 092	☐ 蒜薑豬肉炒飯 ……………… 132	☐ 辣椒洋蔥土司 ……………… 080
☐ 蒟蒻辣炒年糕 ……………… 104	☐ 甜辣鮪魚拌飯 ……………… 112	☐ 青葡萄鮮蝦土司 ……………… 090
☐ 泰式炒蒟蒻粿條 ……………… 056	☐ 杯子布朗尼 ……………… 230	☐ 咖哩魚板蓋飯 ……………… 120
☐ 希臘優格水果三明治 ……………… 240	☐ Mini的百歲餐桌 ……………… 126	☐ 番茄泡菜炒飯 ……………… 102
☐ 芝麻葉越南春捲 ……………… 148	☐ 涼拌白菜拼盤 ……………… 174	☐ 番茄麻婆豆腐 ……………… 210
☐ 小章魚泡菜粥 ……………… 096	☐ 四角海苔飯捲 ……………… 138	☐ 全麥披薩 ……………… 098
☐ 納豆醋拌海帶蓋飯 ……………… 180	☐ 牛肉白蘿蔔燕麥粥 ……………… 062	☐ 全蛋三明治 ……………… 164
☐ 清冰箱韓式大醬粥 ……………… 046	☐ 牛肉白菜燕麥粥 ……………… 218	☐ 墨西哥捲餅 ……………… 144
☐ 減重版洋釀炸雞 ……………… 074	☐ 鹹甜肉桂巧克力麵包 ……………… 256	☐ 青醬起司炒飯 ……………… 216

☐ 披薩風味南瓜Eggslut ⋯ 086	☐ 海帶豆腐炒麵 ⋯ 170	☐ 納豆番茄 ⋯ 246
☐ 半邊三明治 ⋯ 150	☐ 海帶醋雞麵 ⋯ 108	☐ 羽衣甘藍麵捲 ⋯ 158
☐ 明太魚乾燕麥粥 ⋯ 084	☐ 韓式嫩豆腐鍋燕麥粥 ⋯ 066	☐ 蛋碳脂派 ⋯ 088
☐ 燻雞胸肉泡菜蓋飯 ⋯ 130	☐ 菠菜豆腐炒蛋 ⋯ 114	☐ 豆腐泡菜墨西哥捲餅 ⋯ 154
☐ 三色鷹嘴豆泥 ⋯ 208	☐ 水煮蛋蟹味棒沙拉 ⋯ 220	☐ 豆腐球 ⋯ 172
	☐ 雞蛋納豆抹醬 ⋯ 238	☐ 山藥冰棒 ⋯ 250

晚餐

	☐ 鴨肉水梨沙拉 ⋯ 128	☐ 杯子布朗尼 ⋯ 230
☐ 茄子嫩豆腐焗烤 ⋯ 078	☐ 鴨肉花椰菜溫沙拉 ⋯ 224	☐ 什錦燕麥片餅乾 ⋯ 228
☐ 馬鈴薯雞蛋沙拉 ⋯ 204	☐ 低鹽醬煮雞蛋香菇 ⋯ 222	☐ 四角海苔飯捲 ⋯ 138
☐ 納豆番茄 ⋯ 246	☐ 鮪魚高麗菜炒飯 ⋯ 044	☐ 鹹甜肉桂巧克力麵包 ⋯ 256
☐ 羽衣甘藍麵捲 ⋯ 158	☐ 咖哩風味蔬菜麵 ⋯ 196	☐ 杏仁抹醬 ⋯ 242
☐ 減重版拌麵 ⋯ 116	☐ 炒白花椰菜杯 ⋯ 152	☐ 蘋果花生派 ⋯ 254
☐ 減重版洋釀炸雞 ⋯ 074	☐ 奶油鮭魚排 ⋯ 064	☐ 雞蛋納豆抹醬 ⋯ 238
☐ 減重版豆芽菜炒豬肉 ⋯ 054	☐ 番茄雞蛋燕麥粥 ⋯ 122	☐ 優格杯 ⋯ 146
☐ 蛋碳脂派 ⋯ 088	☐ 番茄天貝義大利麵 ⋯ 186	☐ 低碳水蘋果派 ⋯ 234
☐ 雞胸肉Bun Cha沙拉 ⋯ 106	☐ 青醬美乃滋義大利麵 ⋯ 070	☐ 超簡單大蒜麵包 ⋯ 236
☐ 雞胸肉香橙莎莎醬沙拉 ⋯ 206	☐ 燻金針菇披薩 ⋯ 094	☐ 墨西哥捲餅 ⋯ 144
☐ 雞胸肉可樂餅 ⋯ 214		☐ 自製高蛋白能量棒 ⋯ 252
☐ 雞肉地瓜野菜飯捲 ⋯ 166	### 點心	☐ 三色鷹嘴豆泥 ⋯ 208
☐ 雞肉包飯拼盤 ⋯ 118		
☐ 胡蘿蔔豆腐三明治 ⋯ 162	☐ 高蛋白咖哩麵包 ⋯ 092	### 配菜
☐ 舀起來吃的高麗菜披薩 ⋯ 068	☐ 烤蓮藕脆片 ⋯ 232	
	☐ 希臘優格水果三明治 ⋯ 240	☐ 甜菜根胡蘿蔔沙拉 ⋯ 212
		☐ 低鹽醬煮雞蛋香菇 ⋯ 222

INDEX

材料類別索引

雞蛋

- 茄子嫩豆腐焗烤 — 078
- 馬鈴薯雞蛋沙拉 — 204
- 蟹味棒雞蛋韭菜粥 — 202
- 高蛋白咖哩麵包 — 092
- 泰式炒蒟蒻粿條 — 056
- 減重版拌麵 — 116
- 鹹甜炒蛋土司 — 110
- 鹹甜杯子麵包 — 082
- 蛋碳脂派 — 088
- 雞胸肉可樂餅 — 214
- 豆腐泡菜墨西哥捲餅 — 154
- 蒜薹豬肉炒飯 — 132
- 甜辣鮪魚拌飯 — 112
- 杯子布朗尼 — 230
- 什錦燕麥片餅乾 — 228
- Mini的百歲餐桌 — 126
- 水梨土司 — 134
- 四角海苔飯捲 — 138
- 鹹甜肉桂巧克力麵包 — 256
- 炒蛋佐小魚乾炒飯 — 052
- 菠菜豆腐炒蛋 — 114

- 蘋果花生派 — 254
- 水煮蛋蟹味棒沙拉 — 220
- 雞蛋納豆抹醬 — 238
- 鴨肉花椰菜溫沙拉 — 224
- 燕麥蟹味棒海帶粥 — 058
- 燕麥地瓜鬆餅 — 248
- 低鹽醬煮雞蛋香菇 — 222
- 鮪魚飯餅 — 060
- 鮪魚高麗菜炒飯 — 044
- 青陽辣椒醃蘿蔔飯捲 — 160
- 辣椒洋蔥土司 — 080
- 咖哩魚板蓋飯 — 120
- 炒白花椰菜杯 — 152
- 番茄雞蛋燕麥粥 — 122
- 番茄泡菜炒飯 — 102
- 全麥披薩 — 098
- 全蛋三明治 — 164
- 墨西哥捲餅 — 144
- 青醬起司炒飯 — 216
- 披薩風味南瓜Eggslut — 086
- 半邊三明治 — 150
- 明太魚乾燕麥粥 — 084

雞肉

- 高蛋白咖哩麵包 — 092
- 減重版炸雞飯 — 200
- 蛋碳脂派 — 088
- 雞胸肉Bun Cha沙拉 — 106
- 雞胸肉香橙莎莎醬沙拉 — 206
- 雞胸肉可樂餅 — 214
- 雞肉地瓜野菜飯捲 — 166
- 雞肉包飯拼盤 — 118
- 雞里肌海帶湯麵 — 124
- 胡蘿蔔豆腐三明治 — 162
- 舀起來吃的高麗菜披薩 — 068
- 海帶醋雞麵 — 108
- 小黃瓜三明治（雞肉火腿） — 156
- 炒白花椰菜杯 — 152
- 青醬美乃滋義大利麵 — 070
- 半邊三明治 — 150
- 燻雞胸肉泡菜蓋飯 — 130
- 燻金針菇披薩 — 094

鮪魚			四角海苔飯捲	138	燕麥蟹味棒海帶粥	058
☐ 羽衣甘藍麵捲	158	☐ 是拉差奶油燉飯	048	☐ 燕麥地瓜鬆餅	248
☐ 甜辣鮪魚拌飯	112	☐ 炒蛋佐小魚乾炒飯	052	☐ 韓國年糕風味 黃豆粉燕麥糊	076
☐ 鮪魚飯餅	060	☐ 低鹽豆腐羽衣甘藍捲	184	☐ 豆渣香菇粥	182
☐ 鮪魚高麗菜炒飯	044	☐ 鮪魚飯餅	060	☐ 番茄雞蛋燕麥粥	122
☐ 鮪魚番茄義大利湯麵	050	☐ 鮪魚高麗菜炒飯	044	☐ 明太魚乾燕麥粥	084

	飯		☐ 青陽辣椒醃蘿蔔飯捲	160		
☐ 蟹味棒山葵豆皮壽司	140	☐ 咖哩魚板蓋飯	120		鴨肉	
☐ 蟹味棒雞蛋韭菜粥	202	☐ 番茄泡菜炒飯	102	☐ 芝麻葉越南春捲	148
☐ 生菜包肉飯捲	142	☐ 青醬起司炒飯	216	☐ 鴨肉水梨沙拉	128
☐ 納豆醋拌海帶蓋飯	180	☐ 燻雞胸肉泡菜蓋飯	130	☐ 鴨肉花椰菜溫沙拉	224
☐ 減重版炸雞飯	200		燕麥片			
☐ 雞肉包飯拼盤	118	☐ 茄子嫩豆腐焗烤	078		豬肉&培根	
☐ 韓式大醬豆腐拌飯	192	☐ 高蛋白咖哩麵包	092	☐ 生菜包肉飯捲	142
☐ 紫蘇豆腐奶油燉飯	188	☐ 小章魚泡菜粥	096	☐ 減重版豆芽菜炒豬肉	054
☐ 扁豆洋蔥奶油咖哩	178	☐ 清冰箱韓式大醬粥	046	☐ 鹹甜杯子麵包	082
☐ 山藥納豆蓋飯	194	☐ 舀起來吃的高麗菜披薩	068	☐ 舀起來吃的高麗菜披薩	068
☐ 蒜蓉豬肉炒飯	132	☐ 杯子布朗尼	230	☐ 蒜蓉豬肉炒飯	132
☐ 甜辣鮪魚拌飯	112	☐ 牛肉白蘿蔔燕麥粥	062	☐ 番茄麻婆豆腐	210
☐ Mini的百歲餐桌	126	☐ 牛肉白菜燕麥粥	218	☐ 全麥披薩	098
☐ 涼拌白菜拼盤	174	☐ 韓式嫩豆腐鍋燕麥粥	066	☐ 青醬起司炒飯	216

264

牛肉

- 牛肉白蘿蔔燕麥粥 ……… 062
- 牛肉白菜燕麥粥 ……… 218

豆腐＆油豆腐＆豆渣

- 茄子嫩豆腐焗烤 ……… 078
- 蟹味棒山葵豆皮壽司 ……… 140
- 蟹味棒雞蛋韭菜粥 ……… 202
- 胡蘿蔔豆腐三明治 ……… 162
- 韓式大醬豆腐拌飯 ……… 192
- 豆腐泡菜墨西哥捲餅 ……… 154
- 豆腐球 ……… 172
- 紫蘇豆腐奶油燉飯 ……… 188
- 海帶豆腐炒麵 ……… 170
- 涼拌白菜拼盤 ……… 174
- 韓式嫩豆腐鍋燕麥粥 ……… 066
- 菠菜豆腐炒蛋 ……… 114
- 杏仁豆漿湯麵 ……… 190
- 低鹽豆腐羽衣甘藍捲 ……… 184
- 炒白花椰菜杯 ……… 152
- 豆渣香菇粥 ……… 182
- 番茄麻婆豆腐 ……… 210

鷹嘴豆＆扁豆

- 小章魚泡菜粥 ……… 096
- 韓式大醬豆腐拌飯 ……… 192
- 扁豆洋蔥奶油咖哩 ……… 178
- 咖哩風味蔬菜麵 ……… 196
- 番茄天貝義大利麵 ……… 186
- 三色鷹嘴豆泥 ……… 208

納豆

- 納豆番茄 ……… 246
- 納豆醋拌海帶蓋飯 ……… 180
- 山藥納豆蓋飯 ……… 194
- Mini的百歲餐桌 ……… 126
- 雞蛋納豆抹醬 ……… 238
- 鴨肉水梨沙拉 ……… 128
- 番茄天貝義大利麵 ……… 186
- 青醬美乃滋義大利麵 ……… 070

蟹味棒

- 馬鈴薯雞蛋沙拉 ……… 204
- 蟹味棒山葵豆皮壽司 ……… 140
- 蟹味棒雞蛋韭菜粥 ……… 202

- 羽衣甘藍麵捲 ……… 158
- 水煮蛋蟹味棒沙拉 ……… 220
- 燕麥蟹味棒海帶粥 ……… 058
- 墨西哥捲餅 ……… 144

輕食麵＆蒟蒻麵

- 蒟蒻辣炒年糕 ……… 104
- 泰式炒蒟蒻粿條 ……… 056
- 羽衣甘藍麵捲 ……… 158
- 減重版拌麵 ……… 116
- 雞胸肉Bun Cha沙拉 ……… 106
- 雞里肌海帶湯麵 ……… 124
- 海帶醋雞麵 ……… 108
- 杏仁豆漿湯麵 ……… 190
- 番茄天貝義大利麵 ……… 186
- 青醬美乃滋義大利麵 ……… 070

墨西哥薄餅＆義大利麵

- 韓式大醬奶油義大利麵 ……… 176
- 鮪魚番茄義大利湯麵 ……… 050
- 豆腐泡菜墨西哥捲餅 ……… 154
- 墨西哥捲餅 ……… 144

全麥土司

- 希臘優格水果三明治　240
- 鹹甜炒蛋土司　110
- 胡蘿蔔豆腐三明治　162
- 水梨土司　134
- 杏仁希臘優格三色土司　244
- 小黃瓜三明治　156
- 辣椒洋蔥土司　080
- 青葡萄鮮蝦土司　090
- 全蛋三明治　164
- 半邊三明治　150

白花椰菜米

- 鴨肉花椰菜溫沙拉　224
- 炒白花椰菜杯　152
- 番茄雞蛋燕麥粥　122

牛奶＆豆漿＆優格

- 希臘優格水果三明治　240
- 鹹甜杯子麵包　082
- 韓式大醬奶油義大利麵　176
- 紫蘇豆腐奶油燉飯　188

- 扁豆洋蔥奶油咖哩　178
- 山藥冰棒　250
- 杯子布朗尼　230
- 是拉差奶油燉飯　048
- 杏仁希臘優格三色土司　244
- 杏仁抹醬　242
- 杏仁豆漿湯麵　190
- 小黃瓜三明治　156
- 韓國年糕風味黃豆粉燕麥糊　076
- 低碳水蘋果派　234
- 奶油鮭魚排　064
- 自製高蛋白能量棒　252
- 明太魚乾燕麥粥　084
- 三色鷹嘴豆泥　208

番茄

- 茄子嫩豆腐焗烤　078
- 納豆番茄　246
- 減重版炸雞飯　200
- 蛋碳脂派　088
- 雞胸肉香橙莎莎醬沙拉　206
- 涼拌白菜拼盤　174

- 杏仁豆漿湯麵　190
- 水煮蛋蟹味棒沙拉　220
- 鮪魚番茄義大利湯麵　050
- 番茄雞蛋燕麥飯　122
- 番茄泡菜炒飯　102
- 番茄天貝義大利麵　186

海帶

- 納豆醋拌海帶蓋飯　180
- 雞里肌海帶湯麵　124
- 海帶豆腐炒麵　170
- 海帶醋雞麵　108
- 燕麥蟹味棒海帶粥　058

南瓜類

- 蒟蒻辣炒年糕　104
- 清冰箱韓式大醬粥　046
- 蛋碳脂派　088
- 水煮蛋蟹味棒沙拉　220
- 咖哩風味蔬菜麵　196
- 咖哩魚板蓋飯　120
- 披薩風味南瓜Eggslut　086

地瓜

- [ ] 雞肉地瓜野菜飯捲 ………… 166
- [ ] 燕麥地瓜鬆餅 ………… 248

海鮮類

- [ ] 小章魚泡菜粥 ………… 096
- [ ] 清冰箱韓式大醬粥 ………… 046
- [ ] 是拉差奶油燉飯 ………… 048
- [ ] 鮪魚高麗菜炒飯 ………… 044
- [ ] 青葡萄鮮蝦土司 ………… 090
- [ ] 咖哩魚板蓋飯 ………… 120
- [ ] 奶油鮭魚排 ………… 064

起司類

- [ ] 茄子嫩豆腐焗烤 ………… 078
- [ ] 生菜包肉飯捲 ………… 142
- [ ] 高蛋白咖哩麵包 ………… 092
- [ ] 蒟蒻辣炒年糕 ………… 104
- [ ] 小章魚泡菜粥 ………… 096
- [ ] 羽衣甘藍麵捲 ………… 158
- [ ] 鹹甜炒蛋土司 ………… 110
- [ ] 鹹甜杯子麵包 ………… 082

- [ ] 蛋碳脂派 ………… 088
- [ ] 雞肉地瓜野菜飯捲 ………… 166
- [ ] 胡蘿蔔豆腐三明治 ………… 162
- [ ] 舀起來吃的高麗菜披薩 ………… 068
- [ ] 是拉差奶油燉飯 ………… 048
- [ ] 鮪魚高麗菜炒飯 ………… 044
- [ ] 青陽辣椒醃蘿蔔飯捲 ………… 160
- [ ] 辣椒洋蔥土司 ………… 080
- [ ] 青葡萄鮮蝦土司 ………… 090
- [ ] 超簡單大蒜麵包 ………… 236
- [ ] 炒白花椰菜杯 ………… 152
- [ ] 奶油鮭魚排 ………… 064
- [ ] 全麥土司 ………… 098
- [ ] 全蛋三明治 ………… 164
- [ ] 墨西哥捲餅 ………… 144
- [ ] 披薩風味南瓜Eggslut ………… 086
- [ ] 半邊三明治 ………… 150
- [ ] 明太魚乾燕麥粥 ………… 084
- [ ] 燻金針菇披薩 ………… 094

水果類

- [ ] 希臘優格水果三明治 ………… 240
- [ ] 芝麻葉越南春捲 ………… 148
- [ ] 雞胸肉香橙莎莎醬沙拉 ………… 206
- [ ] 山藥冰棒 ………… 250
- [ ] 杯子布朗尼 ………… 230
- [ ] 什錦燕麥片餅乾 ………… 228
- [ ] 水梨土司 ………… 134
- [ ] 蘋果花生派 ………… 254
- [ ] 鴨肉水梨沙拉 ………… 128
- [ ] 燕麥地瓜鬆餅 ………… 248
- [ ] 優格杯 ………… 146
- [ ] 韓國年糕風味
  黃豆粉燕麥糊 ………… 076
- [ ] 低碳水蘋果派 ………… 234
- [ ] 青葡萄鮮蝦土司 ………… 090

輕鬆快速超簡單料理7天食譜

即使是第一次做菜而沒自信的人，也能輕鬆快速料理的食譜。
用超簡單的一鍋到底、微波爐、氣炸鍋食譜度過一週後，
身體會變得輕盈許多，還能獲得做菜的樂趣。

	早餐	午餐	晚餐
第1天	鮪魚高麗菜炒飯 044頁	清冰箱韓式大醬粥 046頁	番茄雞蛋燕麥粥 122頁
第2天	韓國年糕風味黃豆粉燕麥糊 075頁	高蛋白咖哩麵包（3個） 092頁	蛋碳脂派（1/2個） 088頁
第3天	蛋碳脂派（1/2個） 088頁	鹹甜杯子麵包 082頁	韓式嫩豆腐鍋燕麥粥 066頁
第4天	鮪魚飯餅 060頁	高蛋白咖哩麵包（3個） 092頁	舀起來吃的高麗菜披薩 068頁
第5天	辣椒洋蔥土司 080頁	番茄泡菜炒飯 102頁	茄子嫩豆腐焗烤 078頁
第6天	鮪魚番茄義大利湯麵 050頁	炒蛋佐小魚乾炒飯 052頁	減重版洋釀炸雞 074頁
第7天	納豆番茄 246頁	自由選擇	雞肉包飯拼盤 118頁

解決便祕快速縮小腹7天食譜

7days

只要是減重的人，誰都經歷過便祕的困擾！現在可以用食譜來解決。
只要遵照食譜吃，就能觀察到一週內肚子明顯縮進去，
肥肉也快速甩掉的身體變化，請美味地減重吧。

	早餐	午餐	晚餐
第1天	優格杯 146頁	Mini的百歲餐桌 126頁	海帶豆腐炒麵 170頁
第2天	山藥納豆蓋飯 194頁	杯子布朗尼（1/2個） 230頁	減重版豆芽菜炒豬肉 054頁
第3天	杯子布朗尼（1/2個） 230頁	納豆醋拌海帶蓋飯 180頁	雞胸肉Bun Cha沙拉 106頁
第4天	甜辣鮪魚拌飯 112頁	泰式炒蒟蒻粿條 056頁	燻金針菇披薩 094頁
第5天	燕麥蟹味棒海帶粥 058頁	低鹽豆腐羽衣甘藍捲 184頁	鴨肉水梨沙拉 128頁
第6天	豆渣香菇粥 182頁	大醬豆腐拌飯 192頁	羽衣甘藍麵捲（1/2個） 158頁
第7天	羽衣甘藍麵捲（1/2個） 158頁	自由選擇	番茄天貝義大利麵 186頁

一個月一次！最有效的生理期14天食譜

14天的生理期食譜，請從經前3天起開始補充營養，
預防因荷爾蒙變化而產生的食慾。
生理期結束後是最容易甩肉的減重黃金期，請抓準時機聰明地減重吧。

	早餐	午餐	晚餐
第1天	水梨土司 134頁	全麥披薩 098頁	雞肉地瓜野菜飯捲 166頁
第2天	韓國年糕風味 黃豆粉燕麥糊 076頁	蒟蒻辣炒年糕 104頁	菠菜豆腐炒蛋 114頁
第3天	希臘優格水果三明治 （1/2個） 240頁	希臘優格水果三明治 （1/2個） 240頁	減重版拌麵 116頁
第4天	★生理期開始★ 青葡萄鮮蝦土司 090頁	小章魚泡菜粥 096頁	奶油鮭魚排 064頁
第5天	納豆醋拌海帶蓋飯 180頁	芝麻葉越南春捲 148頁	減重版豆芽菜炒豬肉 054頁
第6天	牛肉白蘿蔔燕麥粥 062頁	蒜薑豬肉炒飯 132頁	海帶豆腐炒麵 170頁
第7天	燻雞胸肉泡菜蓋飯 130頁	生菜包肉飯捲 142頁	番茄天貝義大利麵 186頁

「你也做得到！」

	早餐	午餐	晚餐
第8天	★減重黃金期開始★ 水煮蛋蟹味棒沙拉 220頁	紫蘇豆腐奶油燉飯 188頁	水煮蛋蟹味棒沙拉 220頁
第9天	優格杯 146頁	甜辣鮪魚拌飯 112頁	雞胸肉Bun Cha沙拉 106頁
第10天	胡蘿蔔豆腐三明治 （1/2個） 162頁	明太魚乾燕麥粥 084頁	胡蘿蔔豆腐三明治 （1/2個） 162頁
第11天	鹹甜炒蛋土司 110頁	Mini的百歲餐桌 126頁	咖哩風味蔬菜麵 196頁
第12天	辣椒洋蔥土司 080頁	涼拌白菜拼盤 174頁	雞蛋納豆抹醬 238頁
第13天	墨西哥捲（1/2個） 144頁	墨西哥捲餅 （1/2個） 144頁	炒白花椰菜杯 152頁
第14天	半邊三明治（1/2個） 150頁	半邊三明治 （1/2個） 150頁	鴨肉水梨沙拉 128頁

附錄　271

吃出健康瘦

30萬粉絲追隨見證、開課秒殺,韓國最強減重女王瘦身22kg不復胖食譜大公開!
101道高蛋白低碳水,3天速瘦,簡單易做,好吃才會成功的減重料理

作　　　者	朴祉禹（dd.mini）
譯　　　者	高毓婷
執　行　長	陳蕙慧
總　編　輯	曹慧
主　　　編	曹慧
美　術　設　計	比比司設計工作室
內　頁　排　版	思思
行　銷　企　畫	陳雅雯、尹子麟、張宜倩
社　　　長	郭重興
發 行 人 兼 出 版 總 監	曾大福
編　輯　出　版	奇光出版／遠足文化事業股份有限公司 E-mail: lumieres@bookrep.com.tw
粉　絲　團	https://www.facebook.com/lumierespublishing
發　　　行	遠足文化事業股份有限公司 http://www.bookrep.com.tw 23141新北市新店區民權路108-4號8樓 客服專線：0800-221029 傳真：（02）86671065 郵撥帳號：19504465　戶名：遠足文化事業股份有限公司
法　律　顧　問	華洋法律事務所　蘇文生律師
印　　　製	成陽印刷股份有限公司
初 版 一 刷	2021年3月
定　　　價	460元

有著作權‧侵害必究‧缺頁或破損請寄回更換
特別聲明：有關本書中的言論內容,不代表本公司/出版集團之立場與意見,文責由作者自行承擔
歡迎團體訂購,另有優惠,請洽業務部（02）22181417分機1124、1735

맛있게 살 빠지는 고단백 저탄수화물 다이어트 레시피
（Delicious Low Carb High Protein Diet Recipes）
Copyright © 2020 by 박지우（Bak Ji Woo, 朴祉禹）
All rights reserved.
Complex Chinese Copyright © 2021 by Lumières Publishing, a division of Walkers Cultural Enterprises, Ltd.
Complex Chinese language is arranged with Sam & Parkers Co., Ltd.
through Eric Yang Agency

國家圖書館出版品預行編目（CIP）資料

吃出健康瘦：30萬粉絲追隨見證、開課秒殺,韓國最強減重女王瘦身22kg不復胖食譜大公開！101道高蛋白低碳水,3天速瘦,簡單易做,好吃才會成功的減重料理 / 朴祉禹（dd.mini）著；高毓婷譯. -- 初版. -- 新北市：奇光出版,遠足文化事業股份有限公司, 2021.03
面；　公分
ISBN 978-986-99274-7-5（平裝）

1. 食譜　2. 健康飲食

427.1　　　　　　　　　　　　　　　　109022029

線上讀者回函